培养孩子赢在未来的能力

漫画赢在领导力

· 有领导力让孩子更自信 ·

洪达旦◎主编

中国经济出版社
CHINA ECONOMIC PUBLISHING HOUSE

图书在版编目（CIP）数据

漫画赢在领导力 / 洪达旦主编. -- 北京 : 中国经济出版社，2025. 1. --（培养孩子赢在未来的能力）.
ISBN 978-7-5136-8004-2

Ⅰ. C933-49

中国国家版本馆 CIP 数据核字第 20247L7Y00 号

责任编辑　陈　瑞　李玄璇
责任印刷　马小宾

出版发行　中国经济出版社
印 刷 者　河北盛唐印刷有限公司
经 销 者　各地新华书店
开　　本　710mm × 1000mm　1/16
总 印 张　12
字　　数　132 千字
版　　次　2025 年 1 月第 1 版
印　　次　2025 年 1 月第 1 次
总 定 价　120.00 元
广告经营许可证　京西工商广字第 8179 号

中国经济出版社　网址 http://epc.sinopec.com/epc/　社址 北京市东城区安定门外大街 58 号 邮编 100011

目录

全面发展，做大家的榜样

××学校
演讲比赛
每个人都能成为更好的自己。
好样的，小美！
我现在就像“打了鸡血”一样志气高涨，一点儿也不紧张啦！

学校一年一度的演讲比赛即将开幕，小美作为班长，一直是同学们心中的榜样，但是她很害怕在众人面前讲话。老师告诉她，要想成为一个合格的班长，必须跨越这一障碍。于是，小美就在课后努力练习演讲。

比赛开始后，小美和班里报名的几名同学一起候场。平时活泼的小明，一想到要上台演讲，心里就打起了退堂鼓，说着一些退缩的话，小丽更是紧张得脸色发白。小美为了鼓励大家，决定第一个上台演讲！虽然小美一开始声音有些颤抖，但她很快就平复了心情，逐渐进入了状态，表达也越来越流畅。看到小美的表现，其他同学的紧张情绪也渐渐消退。随后，每个人的演讲都赢得了大家的掌声！

全方位“开挂”，才能领导大家

要想真正成为班级的“领头羊”，只有成绩好是不够的，还需要在其他方面展现出自己的能力，为同学们树立榜样。我们要想提升领导力，就要勇敢地迈出自己的舒适区，不断挑战自我、提升自我。

小美虽然也害怕在众人面前讲话，但是她敢于挑战自我，为我们做出了表率。

是的，她勇于面对自己的不足，这样的态度值得我们学习。

短板明显的“水桶”

1 害怕尝试新事物
这个看起来好难，我肯定不行。
2 拒绝参加集体活动
会演
我才不要参加呢。
3 只爱学习不爱运动
运动太累了，我还是看书吧。
4 偏科严重
数学怎么那么难！

全面发展有诀窍

1 保持自律

自律就是自己管理好自己，比如每天都能按时起床，坚持运动，认真完成作业后才去玩耍。这样，我们才能让自己变得更优秀，成为大家的好榜样。

小美真是自律小超人，像自带闹钟似的，准时来锻炼。
那当然，我是努力的小猎豹！

加油！坚持下去，数学分数就会像语文分数一样漂亮了！
数学语文一起抓，两驾马车跑得快！

2 学习不偏科

在学习中，认真学好每一门功课。哪怕不喜欢也用心对待，努力提高成绩。

3 勇于挑战难题

在学习和生活中遇到难题时，我们不仅要勇敢地去挑战它们，还要鼓励其他同学一起克服困难，这样才能共同进步。

难题不可怕，只要敢于挑战。
向小美学习，就不信做不出来！
值日表

公平公正，大家才信服

我没有犯规，为什么要被判罚？做裁判要公平公正知不知道？
对呀，太不公平了。

体育课上，大家的热情都被一场篮球比赛点燃了。然而，比赛刚开始不久后场上的气氛就变了。

事情是这样的：班里的篮球“高手”小刚和小强迅速组织起各自的队伍，准备在篮球场上大展身手。体育委员团团自告奋勇担当了裁判的角色。比赛的哨声一响，双方队员立刻投入到了紧张激烈的对决中。随着比赛的进行，小强所在的队伍比分逐渐落后。作为小强的好朋友，团团心里不禁有些着急。他开始有意无意地偏袒小强的队伍——小刚队犯规的次数明显增多。小刚觉得不公平，他叫停比赛，对团团说：“你这样裁判，我不玩儿了。”

团团有些不知所措：他只是想帮助好朋友赢得胜利，难道这样也有错吗？

公平竞争，输赢都快乐

在团体活动中，公平是至关重要的。如果领导者或裁判有所偏袒，不仅会破坏公平的原则，让其他人不服气，还会破坏大家之间的友谊。公平竞争可以让活动顺利进行，让大家在活动中感到快乐，同时也能培养我们的正义感和责任感。

作为裁判，应该做到公平公正，而不是偏袒任何一方。

只有公平竞争，我们才能享受团体活动的快乐，无论输赢都没有关系。

天平是这样失衡的

1 偏袒朋友
有我在，你一定能赢！
2 任务分配不合理
小明你们清扫操场！小凯清扫教室走廊。
拜托，操场比走廊大那么多！
3 资源分配不均
我们要的材料呢？空着手我们可做不出来！
4 无原则调解
一点儿小错而已，别太计较！

如何在团体活动中一碗水端平

1 了解规则

作为小领导，首先要了解活动的规则，这样我们才能判断哪些行为是对的，哪些行为是错的。

大家一定要遵守比赛规则。
遵命！
遵命！

A组人多一些，所以任务也多一些。人多力量大嘛！
公平合理，我们没意见！

2 合理分配任务

在活动中，我们要根据活动性质和组员能力，合理分配任务。

我们是好朋友，待会儿我要是犯了错误，你就当没看到好不好？
小明，这对其他人不公平。再说，你的实力杠杠的，哪儿需要偏心来帮忙呀？

3 公正客观

在活动中，我们要保持公正客观的态度，无论参与者是不是我们的好朋友，都不能偏心。

出了差错，主动承担责任

大家冷静一下。作为队长，我责任最大……
哦，那你就是球王了，那你上半场的失误怎么说?
如果不是你传球失误，我们怎么会输!

在球场上，小杰的足球队正与对手展开一场激烈的较量。尽管他们全力以赴，但幸运女神似乎并不站在他们这边。比赛中，晨晨突然传球失误，让对手得了分，最终他们输了比赛。

比赛结束后，队员们垂头丧气地回到教室，小亮首先开口："都怪晨晨，那球传得太烂了！"晨晨不甘示弱，立即反击："你踢得就好吗？凭什么说我？"双方的情绪如同紧绷的弦，一触即发。

就在这时，队长小杰站了出来，说："大家先冷静一下。我们是一个团队，无论是胜利还是失败，都应该共同面对。今天的比赛，我没有及时调整战术，这是我的责任。"队员们听了小杰的话，不再争执、抱怨，开始认真复盘比赛、进行反思。小杰的担当不仅化解了紧张，更激发了队员们的斗志，大家都相信下次与对方比赛一定能取胜。

勇于担当，增强凝聚力

在团队中，出了问题主动承担责任，是一种难能可贵的品质。它不仅体现了我们的勇气和责任感，还能增强团队的凝聚力，赢得团队成员的信任和支持。相反，如果总是逃避责任、互相推诿，只会让团队人心涣散。

遇到问题，我们首先要做的是找出原因，而不是急着推卸责任。

对，作为团队的一员，每个人都要对团队的失败负责。作为小领导，更不可以逃避。

责任面前，别“隐身”

1 出了问题就躲
快跑。
2 推卸责任
是小刚弄的。
3 撒谎
这些书怎么乱了？
不知道哇。
4 毫不在意
碎了就碎了，没什么大不了的。

“担当小达人”指南

1 站出来，勇敢面对

当团队面临挑战时，作为小领导，要勇敢地站出来，积极应对问题。这种勇气和决心会让团队成员更加信任你。

我们跟着你，就像小卫星一样。
挑战来了，大家别慌，跟着我，一起组成无敌战队，面对它！

我答应过他们，无论多么困难，我都要跑完全程。决不做缩头乌龟。
小杰，你是最棒的！
加油!!

2 说到就要做到

一旦做出承诺，就要全力以赴去实现它。这种坚持不仅能够赢得他人的信赖和尊重，更是个人成长和自我提升的关键。

3 勇于认错，不断进步

当发现自己犯了错误时，要勇于承认并及时改正。不要害怕批评或惩罚，而应该将这些视为学习和成长的机会，避免重蹈覆辙。

知错能改就好。
老师，我错了，下次我不会再犯了。

眼光长远，才能走得更远

我们要把目光放长远，这也是一个锻炼的机会。户外可是学习的大课堂呢！
兰兰说得对！目光放长远，处处能学习！做公益对我们很有好处！
保护环境

在班级里，兰兰作为班长，是活动的“领头羊”，总能激起同学们的热情。但这次，当她宣布学校要组织一次清理公园垃圾的公益活动时，班里响起了一片反对的声音。

小明皱着眉头说：“这活动太耽误时间了，我还要多刷几套题呢。”

小红也嘟囔着：“周末我只想宅在家里，放松一下。”

小刚更是直接：“捡垃圾？那得多脏啊，我才不去。”

兰兰听后，说道：“同学们，这可是个提升班级形象的好机会。想想看，我们一起努力让公园焕然一新，多有成就感啊！再说，读万卷书，不如行万里路，我们一起做好事，也是一个在实践中学习的好机会呀！”

同学们听了，都觉得很有道理，纷纷表示同意。

远见，让梦想起航

不管做什么事情，我们都应把目光放长远一些。要知道，我们每一次的付出和努力，都是在为自己的未来添砖加瓦。就像搭积木一样，每一个小小的砖块，都能让积木搭得更高。

对于集体活动，咱们还得把目光放长远，积极参加。

班长眼光长远，班级活动就更容易成功。

“短视”的种种表现

1
拒绝参与
我们周末一起去图书馆吧。
周末还不如在家玩儿呢。
2
缺乏规划
这么麻烦干吗，一点儿用也没有。
3
只考虑自身
我选的书我先看。
4
在团体活动中偷懒
干吗那么勤快？

超级“远视眼”养成秘籍

1 设定长远目标

我们要和团队的小伙伴一起设定一个长远的目标，并为之努力。就像我们要去一个很远的地方，需要先确定方向，再一步步前进。

我们要朝着目标前进！不管路上有什么障碍，都不怕。
我们的未来
目标
加油。

我认为明天的集合时间应该早一点儿，这样时间能充足一点儿。小红，你觉得呢？
嗯，这样的安排很好，我们大家都会有时间去做任务。

2 积极沟通

在团体活动中，我们不仅要积极表达自己的观点和想法，也要认真倾听他人的意见，学会从整个团体的角度去思考问题。

3 学会反思和总结

每次比赛或活动结束后，可以开一个小会议，彼此说说哪里做得好，哪里做得不好，下次怎么改进。这样，可以让团队变得越来越棒！

现在开启“找碴儿大作战”，找找哪些地方需要改进。
“缺点大搜查”开始啦！把不完美统统揪出来，咱们会越来越棒！

提升人格魅力，让大家认同自己

小林超有魅力，这下我可是佩服得五体投地啦！
谢谢小林，你总是这么细心。
全心全意为同学服务。

小林没想到，在这次热热闹闹的植树节活动中，内向话少的他居然当上了小组长！他带领着几名同学负责在小花园里种树。可是大家干了一会儿后，因为天气比较热，纷纷抱怨起来。不过，小林没跟着抱怨，只见他默默地拿出自己的大水壶和一些一次性纸杯，给每个人倒上精心准备的凉白开。

活动结束后，同学们围坐在一起。小华说：“小林虽然话不多，但他总是用实际行动帮助我们。”小丽也说：“是的，我心里也挺感动的。”小林微笑着没说话。他意识到，提升自己的人格魅力，不一定要大声说出来。

用行动给人格魅力加分

在团队中，人格魅力不是靠大声说话或命令别人来体现的。真正有魅力的人，是那些勇于承担，愿意关心、帮助同学的人。他们像春风化雨，无声地滋润着每个人的心田。这样的人在团队中不需要刻意炫耀就能吸引别人的目光。

有人格魅力的带头人，平时不见得爱说话，但会在关键时刻用行动帮助大家。

可不是嘛，实际行动一登场，人格魅力立刻爆表。

让魅力减分的行为有哪些

1
喜欢耍赖
我不管，我要重来！
2
没有担当
我还有别的事。
3
欺负同学
先给我看看。
漫画
4
一味地抱怨
太累了！干吗让我们做这苦差事？

让魅力直线上涨的宝典

1 用行动说话

在团队里，别光说不练哦！用实际行动去帮助伙伴，比如借文具、分享学习资料等，这些行为都能让他人感受到我们的关怀和支持。

小华，用这支笔吧。
谢谢！借笔之恩，感激不尽。

早上好，昨天数学老师讲的新公式你理解了吗？
早啊，小林。我也正想找人探讨呢。
二班

2 友善待人

我们和同伴说话时，记得面带微笑，这样会让人感受到我们的友善，对方也会愿意以友善的方式回应我们。

3 学会分享

我们有好吃的零食或者学习上的小窍门，别忘了和同伴们分享哦！分享让快乐翻倍，也让大家在交流中成长，我们的个人魅力也会得到提升。

这是我妈妈做的零食，大家尝尝看！
真好吃。大方小林，闪闪发光！
谢谢你，小林。

提升说服力，得到更多响应

我的提议到底哪儿不好？为什么大家都不感兴趣呢？
班会
作业

小名是一个活泼的小男孩，脑袋里总是装着数不清的新奇想法。可是，同学们对他的提议总是不太感冒。

这不，班级讨论户外活动那天，小名就像一颗小炮弹似的，“嗖”的一下冲到讲台前，兴奋地大喊：“同学们，这个周末咱们去公园野餐吧！好不好？好不好？”可同学们的反应都很冷淡，有的人微微皱了下眉头，似乎对小名的提议有些不耐烦；有的人轻轻撇了撇嘴，好像在说“这有什么好玩儿的”；还有的人只是淡淡地看了他一眼，便又迅速低下头，继续扎进自己的书本里。

小名耷拉着脑袋从讲台上走下来，心里非常沮丧，满脑子都是大大的问号：我的提议到底哪儿不好？为什么大家都不感兴趣呢？

说服力就像一把神奇的钥匙

说服力就像一把神奇的钥匙，它能打开通往他人心灵的大门，解除他们的疑惑，消除他们的顾虑，让他们愿意响应我们的提议。而如果不擅长使用这把钥匙，提议就成了跑调的歌，别人听了当然不愿意跟着我们一起唱。

我真希望自己能像老师一样，说出来的话大家都爱听。

是啊，说服力强的人有魅力，大家都愿意追随。

这类提议会坐“冷板凳”

1 单调陈述
班会
我们这个周末去公园吧。
2 命令式陈述
你们必须听我的。
3 缺乏自信
我……我认为……我们应该……
4 夸大其词
这样训练保你达到奥运水平！

这样提议，大家争着来响应

1 绘声绘色，像讲故事一样

同学们，周末去公园野餐超级棒哦！那里有……
听起来好有趣！简直棒极啦！
作业

提议时，尽可能讲得生动有趣，就像你在给朋友讲一个好听的故事。这样，大家就会自然而然地认真听你讲，也就更容易接受你的好主意啦！

我们去公园还能吃到这些好吃的，多棒呀。
哇！说到我心坎儿里啦，我开始期待了。

2 清晰表达，逻辑有条理

我们在表达前，先想好要说什么，然后用最简单的话说出来，最好再举一个生动的小例子。这样，大家更容易理解和接受。

3 找到共同的兴趣爱好

兴趣和爱好可以激发共鸣。如果我们的提议从大家的兴趣和爱好出发，那么就会更容易引起大家的注意，得到大家的积极响应。

我们都想玩儿滑梯，大家一起去吧！
哇，他们都去，肯定很好玩儿，我们也去吧！
好。

畅所欲言，凝聚集体智慧

团体活动，每个人的看法都很重要，鼓励鼓励他们吧！
要是说错了让大家笑话多尴尬啊，还是默默听别人说吧！

班级要制作一期与保护动物有关的黑板报。班长洋洋召集同学，围坐在教室的一角进行讨论。大家七嘴八舌地讨论起来，在这热闹的讨论中，唯独小华和小林像两只害羞的小兔子，低着头，不敢说话。

洋洋很快注意到了这两个沉默的小伙伴，温和地说："小华、小林，黑板报需要我们大家共同制作，你们也一定有很多好主意，不要害羞，大胆说出来吧！"小华和小林你看看我，我看看你，还是有一些犹豫。洋洋用友善、期待的眼光继续鼓励着他们。

小华和小林变得自信起来，开始发表自己的意见。同学们听了都点头称赞，洋洋也满意地笑了。

最终，小华和小林成了制作黑板报的"主力选手"，这期黑板报也比往期的都要精彩。

每个人的想法都是独特的

有些小伙伴可能因为胆小或不自信，他们的想法常常难以被别人听到。作为小领导，我们要多多鼓励他们勇敢地说出自己的想法。要知道，每个人的想法都是独特的，都有可能成为团队走向成功的关键点。

大家都积极发言，这件事儿才能干得漂亮。

没错，集思广益会让团队走得更远！

团队畅所欲言的障碍

1 没有重点地批评

你的建议一点儿也不好。

2 打断与否定

不，那样不行……

3 嘲笑与排挤

你说的话就是在开玩笑吧?

4 忽视与冷落

咱们别理她。

鼓励大家畅所欲言

1 给予伙伴鼓励

对于那些胆小不敢说话的小伙伴，我们要给予鼓励，告诉他们：“你的想法也很重要，我们很想听。”

小琴，沉默不是金哦，快把你的金点子亮出来吧！你可以的！
谢谢你的鼓励，点亮了我内心的勇敢。我觉得……

我觉得我们可以尝试……

2 用心倾听伙伴的话

当团队中的小伙伴们在说话时，我们要认真听，不打断，让他们感受到自己的想法是被重视的。

你说得太好了，一下子就打开了我们的思路。
是吗？那我接着说哈！

3 给予正面的反馈

当胆小的小伙伴发言时，给予他们正面的反馈和支持，比如点头、微笑或者说一句“你说得很好”。

指挥得当，才能合力取胜

小正，快传球！
传给谁啊？人都没看见呢？
哈哈，得球了！
可恶！

在一场激烈的足球比赛中，小队长阿强站在球场边充当教练，他手忙脚乱地指挥着队友们。比赛进行到一半，阿强大声喊道：“小正，快传球！”可他这命令含含糊糊，小正一脸茫然，完全不知道应该把球传给谁。小明好不容易接到了球，却又听到阿强火急火燎地喊：“传给小华！”可小华根本还没跑到合适的位置上呢。小明不知道该如何是好。就在这时，球被对方轻松抢走了。

这样的情况反复发生了几次，原本热血沸腾的队友们渐渐地像泄了气的皮球，变得沮丧起来。赛后，大家聚在一起纷纷指责阿强，阿强心里也不是滋味。他是真的想指挥大家赢得胜利，他的意见也很专业，但就是不知道怎样下达指令才能让大家准确理解。

指令清晰，团队更齐心

在团队合作中，准确、清晰地下达指令是至关重要的。模糊的指令不仅会让队友们摸不着头脑，还会降低团队的执行力和效率，甚至引发矛盾和冲突。相反，有了明确的指令，大家就能明白劲儿该往哪个地方使，从而更容易实现目标。

看来，下达指令也得讲究技巧，不能含糊其词。

没错，清晰明了的指令才能让大家心往一处想，劲儿往一处使。

下指令的“迷之操作”

1 指令模糊
你，去那边！不是你！
2 频繁更改指令
大家排成一队！不，排成两排。
3 不考虑实际情况
你 10 分钟能种完吧？
怎么可能！
4 专横霸道
所有人必须听我的。

准确下达指令，方法很重要

1 明确目标，具体说明

下达指令时，先明确任务目标，尽量用简单易懂的话来告诉别人具体要做什么，不要说得太复杂，这样大家才能听明白。

今天我们要把教室打扫干净。小丽擦窗户，小刚扫地，小芳整理书架。
没问题，包在我身上。

这次招新，相信大家一定能做好。小明，你擅长书法，就由你写宣传语。小敏，你画画得好，宣传画就交给你啦。
没问题，包你满意。
新

2 考虑组员能力，语气要恰当

在给组员们下达指令时，要充分考虑到他们每个人的能力，让合适的人做合适的事。而且语气要恰当，不要过于强硬，也不要过于软弱没有威严，要保持坚定而尊重的态度。

3 听听别人怎么说

在告诉别人怎么做之后，要问问大家有没有听明白，或者有没有什么问题，这样能确保每个人都理解指令。如果有不足的地方，可以再进行改进。

我说清楚了吗？有什么问题需要问的吗？
说得明明白白超清楚，完全晓得啦！

带领团队，引导比命令更有效

怎么没人听
我指挥呢？
谁想被命令啊？说
服才是温柔小天使，
让人乖乖听话。
就是啊，命令这
个硬邦邦的大棒
槌，哪有说服这
个魔法棒管用？

在一个阳光明媚的周末，小辉兴奋地召集了小伙伴们到公园里玩滑梯，原以为会玩得很开心，结果他却灰心丧气。

只见他站在滑梯前，兴奋地想要组织一场滑梯比赛，于是挥舞着手臂，大声命令："大家快来排好队！"可小伙伴们就像一群调皮的小精灵，似乎根本没听见小辉的话，依旧各玩各的。有的在追蝴蝶，有的在欣赏花儿，还有的趴在地上观察蚂蚁。

小辉急得直跺脚，他更大声地喊道："你们快点儿排好队！"可是大家依然我行我素，毫无反应。最后，小辉像泄了气的皮球一样，沮丧地坐在一块大石头上，垂头丧气地自言自语："怎么没人听我指挥呢？"

没有人喜欢被命令

带领团队，如果我们只是通过冷冰冰的命令指挥大家的行为，可能会让小伙伴们不开心甚至产生逆反心理。但是，如果我们能换个方式，用引导的方法告诉大家我们的想法，以及为什么这么做，大家会更容易接受。

大家一起商量着来多好呀，凭什么要听他的？

就是，命令式的话总是让人反感。商量着来，大家才愿意接受。

没人愿意听这样的命令

1 一意孤行
你们必须照我说的做！
2 武断行事
你别说了，这里应该这样改……
3 有失公平
不公平？这是在刁难我吧？
4 不以身作则
组长在玩，为什么我们却要认真干活？

引导小伙伴的小技巧

1 讲大家关注的点

这个活动很特别，并且机会只有一次哦！

在动员时，我们可以告诉大家参与这个活动有什么好处、活动的亮点、同学们感兴趣的点等，大家充满期待，自然愿意参与。

说话要像唱歌一样，才好听。
哈哈，那希望你“唱”得不要像摇滚乐啊！

2 给语言加点儿“料”

我们可以用一个小故事来说明我们的想法，或者加一点儿小幽默、一些有趣的比喻，这样会让语言更生动，也更容易让其他人接受我们的想法。

3 以理服人

说服别人时，要用事实或逻辑来支持我们的观点。可以事先准备一下相关的数据、例子或者故事，让我们的说法更有说服力。

上次我们这么做，效果特别好，这次我们也这样做的话，肯定能提高。
有道理，希望能稳稳地升级！

平息矛盾，会当“和事佬”

大家冷静一下，听我说。现在不是争论的时候，来，握个手！
可不能让他们再吵下去。该出手时就出手，做个“和事佬”吧！
还是队长有魄力！

在一场紧张的篮球比赛中，小严的球队正面临大比分落后的困境，队员们因为紧张，连连出现失误，观众都觉得胜负没有悬念了。

到中场休息时，队员们的情绪就像即将喷发的火山，一个个都焦躁不安。不一会儿，小健和小光便因为战术问题发生了激烈的争吵，声音越来越大，听到他们二人的争执，其他队员也变得十分不安。

眼看他们就要打起来了，这时，作为队长的小严站了出来。他知道，如果不能及时解决分歧，团队的士气就会像泄了气的皮球一样跌入谷底，表现也会一落千丈。在小严的耐心引导下，小健和小光逐渐冷静下来，团队的士气也重新振奋起来。

下半场，在小严的巧妙协调下，球队稳住了阵脚，越打越顺，对手反而急躁起来。最后，小严凭借两个三分球完成绝杀，帮助队伍逆风翻盘！

团队有矛盾，化身和平小天使

在团队中，出现不同的声音和想法是正常的，关键在于将这些不同的声音转化为团队前进的动力。我们作为小领导，当团队出现分歧时，不能让分歧成为团队的裂痕，而是要化身为“和事佬”，巧妙地引导团队一致向前。

比赛缺乏善于协调的领导，很难取胜。

一有矛盾，就变身调解大师，这才是小领导该有的风范。

这样做，矛盾会升级

1 不听取双方陈述

都闭嘴，别吵了！

2 加入争吵

瞅你咋的。
你瞅啥？

3 偏袒一方

这事就是小武不对。

4 装看不见

不关我的事，就当没看见。

如何化身超级调解员

1 倾听每个人的观点

当团队中出现不同意见时，要分别找双方单独聊一聊，耐心倾听他们的想法和感受，了解他们的出发点和顾虑等。

能和我分享一下你的想法吗？
嗯，我担心的是……

来来来，快把你们的想法说出来，说不定能把矛盾的原因给挖出来呢！
太感谢啦！你这个超级调解大师，你就耐着性子好好听吧……

2 保持中立，建立信任

在沟通过程中，不要偏袒某一方，要展现出对双方感受的尊重和理解，这有助于建立信任，让双方都愿意开诚布公地进行交流。

3 聚焦问题，解决问题

小领导要引导双方将讨论的重点放在问题上，而不是互相指责。可以说：“我们来看看这个问题怎么解决，而不是谁对谁错。”再寻找解决问题的方法。

咱们今天聚在这儿，为的就是把这个问题解决掉。你们先别纠结谁对谁错啦。
组长说得对，解决问题才是头等大事，其他事都得往后放。

勇于拒绝，维护团队利益

拒绝她们不太好吧？可是，这样工作量好大……
时间很紧啊。这样工作量太大了，橙橙怎么不拒绝呢？

校园文艺会演的日子快到了，橙橙带领成员们做着准备，原本工作量不多，没想到却累得不行。

原来，橙橙是出了名的“老好人”，身为团队的负责人，却总是不忍心拒绝别人。“橙橙，我觉得我的独唱部分可以再加点儿舞蹈动作，这样更吸引人！”莉莉兴奋地提出自己的想法。一会儿，娜娜也提出了要求：“橙橙，我觉得这次会演的服装可以华丽一些。”橙橙的助手乐乐皱着眉头，一脸担忧：“可是，我们的时间已经很紧张了呀。”橙橙一边应允了她们的要求一边安抚乐乐，尽管她心里也明白这会增加不少的工作量。

就这样，文艺会演的筹备工作变得异常烦琐。橙橙特别累，心里也十分苦恼，不知道该如何是好。

拒绝是为团队利益着想

在团队里，作为负责人，有时候得拿出点儿勇气，对不合理的要求坚决予以拒绝。这不是为了给人难堪或者不尊重别人，而是真心实意地为团队的利益着想，让大家能把宝贵的时间和精力用在“刀刃”上。

拒绝别人并不可怕，有时候需要一点儿勇气。

是啊，对无理的要求，我们要勇于说“不”。

一味迁就，团队成散沙

1 妥协退让
好吧，这次就这样。
2 勉强答应
我先走了啊。
可是……嗯，好吧。
3 过分讨好
到时候把我的衣服……
嗯，你开心就好。
4 犹豫不决
今天大伙儿出去玩儿一天，别排练了吧？
嗯……这个……我想想……

如何恰到好处地拒绝别人

1 勇敢地说出自己的想法

作为小领导，我们要保护团队的利益。如果有人提出的想法对团队不好，我们不能违心同意，而是应该大胆地告诉对方自己的想法，并明确拒绝。

我来说说我的想法，你是唱得不错，但这段男生唱更好，让他来更合适……
这部分应该我来唱。

作业要自己完成，不会作的题目我们再一起研究。
学霸组长，让我瞄一眼你的作业呗，就一眼！

2 语气平和，说明原因

拒绝时，要确保我们的语气平和、诚恳，尽量避免使用“不行”“不可以”等生硬的词汇。同时，简要解释拒绝的原因，这样能够减少误解或不满的产生。

3 协商解决方案

如果队员有不合理要求，可以坐下来一起商量，找出大家都能接受的解决办法，如提出一个折中方案。通过这种方式，能够有效避免矛盾。

我知道大家都很累。要不这样，今天训练完了之后一起玩儿个游戏，放松一下？
嗯，听起来很不错呢！

巧妙批评，避免招来反感

小涛批评得太过分了吧！应该好好说话呀。当着大家的面，干吗那么凶？
批评人要这么简单粗暴吗？

下课后，小芳坐在教室里，眼泪吧嗒吧嗒地往下掉。小涛看到，后悔极了，心里特别不好受。

原来，自习课上，小涛作为语文课代表，负责收同学们的作业。小芳因为家里有事，没有按时完成作业。小涛一时心急，直接就在班里大声批评了小芳，连同学们都觉得有点儿过分。小芳感到无比难堪和伤心，下课后终于忍不住，流下了伤心的眼泪。

这时，小涛也意识到自己刚才的做法实在太粗暴了，于是他走到小芳身边，轻声说："小芳，对不起，我刚才的态度确实不太好。"

小芳抬起头，哽咽着说："小涛，我知道你是为了我好，可当着大家的面被批评，我感觉很难过。"小涛点了点头，并承诺以后一定会更加注意自己的表达方式。

批评是门学问

在团队中，队员总有犯错误的时候，我们作为小领导，不免要对他们提出批评。然而，如何批评却大有学问。如果太过直接，别人听了可能会不开心，甚至会反感。所以，我们应该用一种委婉的方式来表达批评，既要让人听了觉得舒服，又愿意接受。

批评人可不能太直接，得委婉点儿。

明白了，虽然批评是为了大家好，但也要注意方式方法。

如此批评，大家远离你

1 直接否定

你这分数太低了！

2 缺乏具体的描述

一点儿也不好看。

3 忽视感受

怎么搞的，这么简单还出错?

4 用比较来伤害

你看看人家宁宁的字，比你的好多了。

批评有方法，一点儿也不难

1 先扬后抑

可以先表扬对方的优点，再委婉地提出改进建议。比如：“你的故事讲得很好，只是有些地方可以再详细一点儿。”

真棒，球打得不错，再稳一些就好了。
我会注意的。

你的画真不错，当代毕加索啊！不过，这里的颜色稍微涂浅了一些。
谢谢你的提醒。

2 具体指出错误

批评的时候千万不可大吼大叫，最好用具体的例子说明对方哪里做得不好，让对方心悦诚服。比如：“你画画的时候颜色涂出线了，下次可以小心一点儿。”

3 保持微笑，鼓励对方

批评时态度要温和，要保持微笑，这样可以让对方感到我们的批评没有恶意意。批评后，再鼓励对方：“你很聪明，下次一定能做得更好。”

对不起，我交晚了。
这次的确有些晚了，不过我相信你下次一定能准时交。

第4章 面对复杂情况
游刃有余地应对

怎么办？我被孤立了

哼！都是你
自找的！
为什么？
怎么办？
别伤心！乐观一点
儿，找出原因，做
好自己，他们肯定
会回来找你的。

学校的排球队长小明最近像一只泄了气的皮球，心里满是失落，因为他发现自己被队员们孤立了。

比如，当他组织课后训练时，队员们就像没听到一样，不按他定的时间来。训练时，也没有人愿意跟他一组。当他讲解战术或示范动作时，队员们交头接耳，就是不听，也从不主动提建议。在这次比赛中，队员们也不按照他的指挥行动，甚至在他出现失误时还嘲笑他。中场休息时，其他队员聚在一起聊天却不理会坐在一边的他。在之后的集体活动中，队员们对他也是爱搭不理的，甚至一起反驳他。

小明难过极了，完全不知道该怎么办。

被孤立了，不要气馁

在团队中，每个人都是重要的，但偶尔也会出现被孤立的情况。这可能是我们自身的原因，也可能是其他队员的问题。这时候，先不要气馁，可以寻求原因，化解与其他队员之间的矛盾，重新融入集体是最重要的。

我们是一个团队，被孤立也不要当逃兵，应该想办法让大家重新拥抱我们。

没错！我们要像个顽强的小斗士，绝不垂头丧气。

被孤立的常见原因

1 命令式交流
你去扫地，你去擦窗户。
2 忽视队友感受
你俩别说了，按我说的做。
哼！
3 不为团队出力
有你们弄就行了。
4 拒绝合作
我需要你的帮助。
别烦我！

困境中的“脱孤”妙招

1 思考原因，主动沟通

当我们被孤立时，首先要找到原因，想一想自己哪里做得不对，想通了再去主动与团队成员进行沟通，共同探讨解决问题的方法 。

我是不是哪里
做错了？

来，喝点儿水，
给身体加加油。
谢谢队长！

2 展示关心

平时我们不要一味地命令成员、忽视成员，应多关注团队成员的表现，展示自己的友善和关心，这样有利于建立信任，避免隔阂。

3 寻求老师的帮助

如果被孤立的情况无法自行解决，还可以寻求老师或家长的指导和支持。

老师，我觉得团
队最近有些问题，
我好像被孤立了。
别担心，去办
公室，你详细
说一说。
办公室

面对分歧，领导该做什么

大家的意见不统一，这队伍我该怎么带呀?
是时候展示组长的魄力和智慧了，制止冲突，团结大家。

小江是班级科学小组的组长，近来很烦恼。

原来，他们小组最近在准备一个科学实验比赛。这个比赛关系到班级的荣誉，也是检验他们团队合作能力的好机会。

一开始，大家合作得很愉快。然而，随着实验一步步深入，麻烦也接踵而至。团队成员之间出现了严重的分歧。小丽坚持使用自己的方案，她相信自己的方案既成熟又实用；而小静认为应该尝试新的方法，她觉得只有不断探索，才能找到更好的解决方案。两人各执一词，互不相让，其他同学则各自“站队”，争论不休。

作为组长，小江看着这混乱的局面，顿时感觉到了前所未有的压力，他愁眉苦脸地站在那里，脑袋里一片混乱，完全不知道该如何是好。

分歧是把“双刃剑”

团队中出现分歧并不可怕，重要的是如何妥善处理分歧，这对我们来说是个考验。如果我们不能很好地协调团队成员之间的关系，就会影响团队的凝聚力。如果处理得当，则能够激发大家的积极性和主动性，踊跃建言献策，有助于增强团队的战斗力。

团队出现分歧时，小领导一定要站出来。

没错，要让大家把想法说出来，一起协商、解决问题。

应对“内战”常见错误

1 逃避问题
这可怎么办，我还是赶紧走吧。
2 强行压制
别吵了！再吵都别上场了！
3 偏袒一方
你就是太固执了。
4 『和稀泥』
都别生气了，你们都有错。

如何平息团队内部“小混战”

到底发生了什么事？快给我讲讲。
都怪小 ×……

1 冷静观察，了解情况

当团队有矛盾时，我们不能情绪化，应先冷静观察，弄清楚是什么原因让大家不愉快了，这样才能更好地处理问题。

都畅所欲言吧，看看这分歧怎么解决。

2 大家坐下聊一聊

团队出现分歧后，我们可以找一个合适的时间，如课间休息或者放学后，让大家一起坐下来好好谈谈，一起商量解决分歧的办法。

3 一起想办法解决问题

听完每个人的想法后，我们可以提出一些建议，如用投票的方法解决问题，促进和解。还要鼓励大家团结起来，一起为了团队的目标努力。

我们投票吧。不管什么结果，都要乖乖认账，和好，不许耍赖啊！
我支持……
赞同！这个方法不错。
投票
正
反

面对突发状况，从容最重要

哇，停电了！
我……我怕黑……
耶
耶，不用上课了！
同学们，安静下来！不要慌乱！

晚自习时，同学们正专心致志地学习。突然，整个教室陷入一片黑暗——停电了。有的同学害怕得呆坐原地，而有的同学兴奋得高声叫喊，还有同学摸黑跑出教室。教室里一下子乱成了一锅粥。

玲玲作为班长，站起身来大声说道：“同学们，安静下来！不要慌乱！”原本喧闹的教室渐渐安静下来。接着，她让副班长联系了老师，报告了停电的情况。与此同时，班委们也分头去安抚那些怕黑的同学。

10 分钟后，灯亮了，大家又投入专注的学习中。不少同学对玲玲的表现竖起了大拇指。玲玲的冷静和果断，就像一束明亮的光，照亮了原本陷入黑暗和慌乱的班级。

面对突发事件，镇静从容是王道

在生活中，我们可能会遇到各种突发事件。面对类似的情况，如果我们惊慌失措，不仅无法解决问题，还可能引发更大的混乱。如果我们没有慌乱，而是保持冷静并迅速做出反应，不仅能体现我们的领导力，也能培养我们在紧急情况下的应变能力。

玲玲真是冷静，遇到问题没有慌，不愧为班级的主心骨。

不管遇到什么困难，冷静下来，从容应对，总会有解决的办法。

突遇意外，不要这样做

1
惊慌失措
完了，完了。
2
逃避责任
我不管。
3
盲目行动
哎呀，快别流血了。
4
缺乏应变能力
这可怎么办呀？

与突发事件从容过招

1 不要慌张，保持冷静

首先要告诉自己不要慌张，可以做几个深呼吸，让自己的心情平静下来。心里想着：“我是小领导，我要勇敢，不能乱。”

快离开窗户边，小心玻璃！安静下来，听我指挥！
我是班长，别紧张，要冷静。

玲玲临危不乱，女中豪杰啊，佩服佩服！
大家弯下腰，捂住口鼻，不要慌乱！

2 按照平时学到的知识行动

如果老师或家长教过我们在突发事件中应该如何行动，如火灾怎么跑、地震怎么躲，这时候就能派上用场了。

3 以身作则，树立榜样

作为团队的“领头羊”，我们得做榜样，勇敢站出来，组织大家分工合作。如果事情超出了我们的能力范围，别硬撑，及时寻求老师的帮助。

有同学晕倒了，快去联系老师。

外部冲突，理智应对巧解决

来啊，你就是打不过我！
理智，理智。这件事必须有个说法，但不是现在。
你给我等着！

学校乒乓球友谊赛上，体育委员超超率领队友们跟隔壁班打得热火朝天。可就在这紧张激烈的时刻，超超发现了不和谐的现象：自己班的主力小刚和隔壁班的主力小阳吵起来了。原来，小阳不仅球技了得，嘴上功夫更是“厉害”，就像一把机关枪，一直不停地“输出”。小刚心里那叫一个窝火，差点儿就跟小阳打起来。幸好超超一把拉住了小刚，说：“冷静，咱们要用实力打败他。”

比赛一结束，超超带着小刚来到办公室，把这事儿一五一十地跟老师说了一遍。老师立即把小阳找来，严肃地批评了小阳。最后，小阳也认识到了自己的错误，真诚地向小刚道了歉。

冲动是解决问题的大忌

当团队或团队中的成员遭遇外部冲突时，作为领导者，一定要先让自己冷静下来。这种时候，要是我们冲动乱来，事情可能会变得更糟，非但解决不了问题，无法维护团队或团队成员的利益，还会引发更大的冲突。

看到队员受了欺负，小领导往往会忍不住为他出头。

可是也要理智一点儿啊，不然很容易把事情弄得更糟。

要摒弃“旁观者”行为

1 视而不见
没看见，没看见。
2 不分青红皂白
肯定是你不对。
3 冲动反击
4 模糊处理
大家都是同学，别伤和气。

理智行事，才能帮到别人

1 立刻制止欺负他人的行为

如果看到有人欺负我们的朋友，千万不能情绪化，要保持冷静，及时制止对方，告诉他们这样做不对。用我们的行动让他们知道，我们不会容忍这种行为。

住手！你们这样做是不对的。

我在这里，别害怕。

2 安慰被欺负的同学

被欺负的同学可能会感到委屈和害怕。我们要安慰他们，让同学知道我们是他们的朋友，会和他们一起面对这个问题。

3 找老师或家长帮忙

如果我们解决不了，或者情况很严重，要立刻找老师或家长帮忙，告诉他们发生了什么事情，请他们介入解决。

老师，班上有人被欺负了，我觉得情况很严重。
别急，慢慢说，发生了什么事？

第5章 身先士卒 带领伙伴往前冲

遇到困难，要敢于逆难而上

数学竞赛
太难了，我不做了……

今天，学校举办了一年一度的数学竞赛，吸引了众多数学高手参加。数学课代表小豪作为班里的数学尖子生，被选为代表参加这场知识的较量。一开始，小豪表现得游刃有余，解题迅速，信心满满。然而，做着做着，小豪遇到了几道难题。他尝试了几次，都未能找到解题的突破口。焦虑和压力如同乌云一般笼罩着他，让他感到非常沮丧。最终，还没等考试结束，他就交卷了。

小豪已经不是第一次这样做了，每次遇到困难，他都会缴械投降当逃兵。

战胜困难才能走出困境

在学习和生活中，我们难免会遇到一些困难和挑战。这时候，我们要拿出勇气，积极想办法去应对和解决它们。如果我们遇到点儿困难就逃避、认输，那么以后会遇到越来越多的困难，直至深陷困境、寸步难行。

遇到难题别着急，冷静分析问题，就像拼图一样，一块一块来。

困难总会过去，阳光总在风雨后。

面对困难时的错误行为有哪些

1 盲目蛮干
大家用劲儿，推开它！
不可以找别的路吗？
2 轻易放弃
这比赛肯定赢不了，算了吧。
3 不知所措
文艺演出
我忘了台词，怎么办？
4 情绪失控
你们怎么都不积极呢？

战胜困难有方法

1 给自己心理暗示

加油！坚持！也许换个方法就能成功！
没兴趣。
演讲
时间
地点

遇到困难时，我们要相信自己有能力解决问题，告诉自己：“再试一次，我可以做到！”

果然这样容易多了！
路要一步一步走。

2 把大问题分成小问题

我们可以把大问题分成小问题，跟队员一起逐个解决。就像吃大苹果一样，一口一口地吃。

3 带头行动，总结经验

队长你超猛！一直冲在第一个！
大家都是好样的，虽然遇到了困难，但都解决了！我们一起来回顾一下吧！

作为领导者，当团队遇到困难时，我们要以身作则，带头行动，勉励大家，与大家一起克服困难。活动结束后，我们可以组织队员们一起回顾遇到的困难及解决的方法，总结经验教训。

鼓足信心，成功就在前方

我不行了，实在
走不动了，我们
回去吧。

周末，小鑫兴致勃勃地约上好朋友一起去爬山，没想到状况不断。

一开始，大家活力满满，步伐轻快，仿佛有用不完的劲儿。当爬到半山腰时，伙伴们开始感到疲惫不堪，双腿像被绑上了沉重的沙袋，步伐越来越沉重。小丽气喘吁吁地停下脚步，双手撑在膝盖上，满脸通红地说："我不行了，实在走不动了，我们回去吧。"小明也累得直喘粗气，连连点头表示同意。

小鑫一边鼓励他们，一边分享减轻疲劳的方法，如深呼吸、轻轻按摩腿部肌肉等。在小鑫的鼓励和带领下，伙伴们重新燃起斗志。他们站起身，相互打气，迈着坚定的步伐，一步步向着山顶前进。到了山顶后，小明和小丽打心里感谢小鑫——如果没有小鑫的坚持，他们是无法看到这美丽的风景的。

越是艰难时刻，越要充满信心

面对困难时坚持不放弃是非常重要的品质。小鑫在同学们感到疲惫想要放弃时，没有选择一起退缩，而是用鼓励和实际行动帮助大家克服了困难。这不仅展现了他的领导力，也增强了同学们的自信心和团队凝聚力。

刚才我真的想放弃了，幸好小鑫鼓励了我们。

是啊，小鑫让我们明白，只有不放弃，才能克服困难。

遇到困难就放弃的表现

1 行动退缩

反正也追不上了，跑也没用。

2 发牢骚

都怪你，要不是你……

3 情绪低落

真没劲！

4 不停抱怨

就不应该参加，太难了！
竞赛

如何与困难“死磕”

1 保持乐观态度

遇到困难，我们首先不能放弃，要保持积极向上的态度，可以给自己心理暗示，为自己加油打气。

不做“逃兵”，相信大伙儿一定能克服的！
加油。

真烦人，我不做了。
再坚持一下。昨天我也是怎么都做不出来，结果灵光一闪就想到了。你肯定能行！

2 分享正面故事

想要放弃时，我们要鼓励团队成员，以提振士气。可以讲一些自己克服困难的小故事，让大家知道，成功往往就在再坚持一下之后。

3 互相鼓励

鼓励大家相互支持，可以说：“我们一起加油，互相帮助，肯定可以做到的！”让大家感受到团队的力量，知道自己不是一个人在战斗。

兄弟们，我们一起加油！

关键时刻，及时出手有担当

我……我不能参加了，对不起大家。
你安心养伤吧，我来替你完成比赛。

学校一年一度的运动会即将到来，小杰和同学们心里却笼罩着一片愁云。

原来，小杰作为班级接力赛的种子选手，每天都和团队成员在操场上刻苦训练。然而，在比赛前的一次训练中，小杰不慎扭伤了脚踝，医生赶来后，告诉他必须休息，不能再参加即将到来的比赛。这个消息如同晴天霹雳，让班级成员的情绪一下子低落到了谷底。该派谁参加呢？想来想去，好像没有合适的人选。

就在这关键的时刻，班长小力站了出来，他走到小杰的身边，说："你安心养伤吧，我来替你完成比赛。"

就这样，小力接过了小杰的接力棒。他全力以赴地奔跑，尽管速度不及小杰，但他的坚持和勇气感染了每一位队员。最终，班级还是取得了不错的成绩。

关键时刻勇于担当

作为领导，在一些关键时刻的表现往往会影响到整个团队的荣誉和成绩。小力作为班长，在小杰受伤时挺身而出，这体现了一个领导者在关键时刻应有的责任感和担当。

关键时刻能够挺身而出，才是好样的。

是的，有担当的领导让人心里特别踏实，也很能鼓舞大家。

关键时刻的“隐身秀”

1 犹豫不决
到底选哪个呢？这个……那个……
?
2 退缩逃避
我去上厕所。
3 沉默不语
班长，出状况了！
……
……
4 含糊其词
班长，该选哪个方案呀？
嗯……这个……那个……我也不确定啦。
班会

关键时刻，闪亮登场

1 要有主见，敢于决策

我有一个计划。
这可怎么办啊？
朗读小组

作为团队的领头人，我们要有自己的想法，遇到事情要敢于作决定。就像船长一样，带领大家朝着正确的方向前进。这样，大家才会信任我们，跟着我们一起努力。

别灰心！说不定他们也很苦恼呢！我们再试试别的方法，一定能克服！
嗯，小力说得对，先别灰心！

2 激励与鼓舞

当团队遇到危机时，我们要站出来给大家加油鼓劲儿，告诉他们："你们做得很好，我相信你们能行！"同时，我们还要通过实际行动来予以支持或者提供帮助。

3 及时调整计划

怎么办？你有什么想法？我们都听你的。
容我想一想。今天大家先回家吧，明天这个时候再来。

在关键时刻，可能会遇到一些意想不到的情况。作为领导者，我们要和内部成员做好沟通，随时准备调整计划或策略，以快速应对变化。

战胜拖延，及时行动效率高

那么长时间还没打扫干净？你们都干什么去了？做事爱拖延可不是好事。
都怪小章，拖拖拉拉不肯开始行动，不然早就像别的小组一样干完了。
作业

班级进行大扫除。跟往常一样，老师把班上的同学们分成了四个小组，每个小组负责一个区域。小章是其中一个小组的组长。其他小组的同学很快就热火朝天地干起活儿来。组员小敏看着大家忙碌的身影，心急如焚，赶忙问小章："组长，大家都在干活儿呢，咱们也开始吧！"可小章却满不在乎，挥挥手说："别急，时间还早着呢，先玩一会儿。"原来，小章正在读一本漫画书，差几页就读完了。她觉得大扫除晚几分钟没什么。

直到老师要来检查时，小章才紧张起来，招呼大家手忙脚乱地开始行动。最终，他们还是没能及时完成任务。小章挨了老师一顿批评，在同学们心中的威信也大打折扣。

拖延是个大蛀虫

拖延不仅会让我们错过好机会，还会拖团队的后腿，甚至影响我们的威信。作为团队的带头人，我们应该懂得怎么管理时间，怎么带好队伍，确保大家能按时把活儿干完。所以我们应该学会合理安排时间，及时行动，这样才能在竞争中取得优势。

做领导的爱拖延，就像火车车头没了动力，团队就会受牵连。

是的，小领导不拖延，安排得明明白白，大家才能按时完成任务。

你有这些拖延行为吗

1 分配任务慢悠悠
组长，我们该干些什么？
别急，等我想想。
2 带头拖延，干活儿拖拉
歇一会儿。
3 别人拖延不督促
算了，随他们吧！
4 找借口不行动
今天风大，明天再练球吧！
可篮球馆在室内呀！

战胜拖延并不难

1 规划时间表

我们可以找一张纸，把活动的任务和时间都作个规划。比如，组织一次拔河比赛，把准备器材、整理场地、组织同学等任务写下来，并标明相应的时限。

这样我就能有条不紊地完成每项任务了。
哇！安排得井井有条啊！

时间到！集合啦！
收到！

2 不给自己犹豫的时间

一旦决定要做某件事，就立刻行动，不给自己留下犹豫的时间。

3 制造紧迫感

时刻提醒自己任务的时限，营造完成任务的紧迫感，同时适时地提醒队员们，抓紧时间、不能拖拉。

时间不多咯！该继续出发了，不然回去就晚了！
好嘞！小章真像个小闹钟，滴滴嗒嗒地催促着大家！

培养孩子赢在未来的能力

漫画赢在教养

·有教养孩子更优秀·

洪达旦◎主编

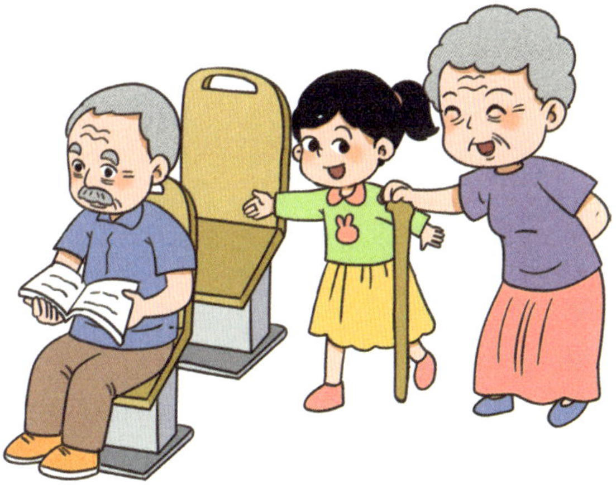

中国经济出版社
CHINA ECONOMIC PUBLISHING HOUSE

图书在版编目（CIP）数据

漫画赢在教养 / 洪达旦主编. -- 北京 : 中国经济出版社, 2025. 1. --（培养孩子赢在未来的能力）.
ISBN 978-7-5136-8004-2

Ⅰ. K891. 26-49

中国国家版本馆 CIP 数据核字第 2024LU9863 号

责任编辑　陈　瑞　李玄璇
责任印刷　马小宾

出版发行　中国经济出版社
印 刷 者　河北盛唐印刷有限公司
经 销 者　各地新华书店
开　　本　710mm × 1000mm　1/16
总 印 张　12
字　　数　132 千字
版　　次　2025 年 1 月第 1 版
印　　次　2025 年 1 月第 1 次
总 定 价　120.00 元
广告经营许可证　京西工商广字第 8179 号

中国经济出版社　网址 http://epc.sinopec.com/epc/ 社址 北京市东城区安定门外大街 58 号 邮编 100011

本版图书如存在印装质量问题，请与本社销售中心联系调换（联系电话 :010-57512564）

目录

第1章 餐桌篇
有教养让用餐更愉快

第2章 日常生活篇
有教养的孩子人见人爱

第3章 校园篇
有教养让校园生活更美好

第1章 餐桌篇
有教养让用餐更愉快

力所能及，饭前饭后小助手

哎呀，锅要煳底了！儿子，这可怎么办啊？需要紧急救援！
别着急，我来帮您。

一天晚上，爸爸在加班，妈妈在厨房里忙活，搞得手忙脚乱。

“儿子，帮妈妈剥几瓣蒜！”“儿子，帮妈妈洗一根黄瓜！”妈妈呼唤着乐乐。可是乐乐正如痴如醉地玩着积木，根本没听见。于是妈妈想到一个好办法，她赶忙佯装做饭遇到了困难，需要紧急救援。这下乐乐来了精神，急忙前去援助。

当妈妈将炒好的菜往餐桌上端的时候，乐乐飞快地跑到餐桌前就要夹肉吃。未料想，妈妈伸手拦住了乐乐。

“干活儿不主动，吃东西挺积极。”妈妈严肃地说道。乐乐的小脸儿立刻涨得通红，气呼呼地说：“玩也玩不好，吃也不让吃，我哪里做错了？”

乐乐不明白，做饭是大人的事，妈妈为什么非得让自己帮忙呢？

当爸爸妈妈的小帮手

我们总认为自己年纪小，做饭是大人的事情，却没有想过，爸爸妈妈上了一天班很辛苦。不做“甩手掌柜”，主动帮把手，做一些力所能及的小事，不仅能让爸爸妈妈感到欣慰，还能培养自己的动手能力。参与做饭的过程，吃到嘴里的饭会更香，不是吗？

虽然我是一枚“吃货”，但我不希望别人说我只会吃。

家务活儿可不是爸爸妈妈的专利，我们也都有责任哦！

“甩手掌柜”的日常

1 嘴上敷衍，一动不动
好的，马上就来。
2 关上门自顾自玩耍
儿子，帮妈妈把毛巾拿过来。
就知道使唤我。
3 关键时刻溜得快
妈妈，我肚子疼，你自己弄吧。
4 有依赖性，坐享其成
快给我盛一碗，我要喝汤。

我是厨房小帮手

1 主动分担一些活儿

饭前饭后，主动询问有什么需要分担的工作，做一些力所能及的事。比如，帮忙择菜、摆放碗筷、打扫卫生等。

乐乐真棒，妈妈等会儿给你做好吃的。
妈妈，我来帮您！

不用爸爸提醒，吃饭前收拾好玩具。

2 收拾物品，主动洗手

吃饭前，先整理好自己的玩具，然后认真清洗手上的污垢，养成良好的卫生习惯。

3 收拾碗筷、洗碗

饭后帮忙收拾碗筷，主动承担起洗碗的任务，但应注意易碎品要轻拿轻放哟！

妈妈太辛苦了，今天我来洗碗。

长幼有序，宴席座位有学问

周末，牛牛的爷爷过七十大寿，牛牛一家和亲朋好友早早地来到了订好的酒店。

准备开席了，牛牛第一时间冲了进去，找了一个中间的位置就要坐下。这时，爸爸伸手将牛牛拉到了一边。这让牛牛感到有些莫名其妙。

爸爸指着牛牛的座位，笑着说："长幼有序，爷爷是长辈，要先入席，并且要坐在上位。其他人按辈分依次入席，你年龄小，应该坐这个位置才对。"

牛牛挠着头尴尬地说："那我得等到最后才能坐啦，希望大家慢点儿吃，别把好吃的吃光啊！"爸爸大笑起来。

爷爷准备入席了，牛牛跑上前去，将爷爷搀扶到主座的位置，爷爷抚摸着他的头，欣慰地笑了。大家都夸牛牛表现真棒。牛牛笑着说："这是我应该做的。"

列坐入席有讲究

无论是在哪里就餐，长辈通常坐在主位，晚辈按照年龄或辈分依次就座。年纪小不是撒泼占座的理由，有时候长辈可能碍于面子不好意思说，但我们自己一定要明白，那样是违背礼仪的，会给别人留下没教养的印象。

与长辈同桌吃饭，要做到长幼有序，不先入席、不霸占主位。

即使你是个“小馋猫”，也一定不能丢了教养哟！

长辈面前的失礼行为有哪些

① 争抢菜谱或抢着夹菜

② 抢先坐下

③ 不管位置，喜欢就坐

④ 第一个动筷子

餐桌上如何尊重长辈

一般情况下，面向门的位置是上位。
爸爸，不是说长辈要坐上位吗？哪里才是上位呀？

1 先请长辈入席上座

和长辈一起吃饭时，记得先请长辈入席上座，并且自己要坐有坐相，不能随心所欲。

爷爷是长辈，您先动筷。
大家吃呀！不用等我。

2 长辈动筷后才动筷

所有人都坐好后才能开始吃饭，但必须长辈先动筷子，然后我们才能夹菜。

爷爷，我是用公筷给您夹的菜，您多吃点儿！
好孩子，爷爷谢谢你。

3 主动为长辈服务

吃饭期间，主动给长辈挪动座椅、添茶布菜等。

嘴下留情，餐桌美食要分享

你一个人吃这么多，我吃什么呢？

“妈妈，我回来了！……哇！我超爱的糖醋排骨，妈妈，您真好！”壮壮一边喊着，一边扔下书包，匆匆地洗了洗手，然后就坐在饭桌上美滋滋地吃起了他心爱的糖醋排骨。

“别急，还有其他菜呢，等妈妈都做好了，咱们一起吃！”在厨房忙碌的妈妈回身喊道。可是，就在妈妈说句话的工夫，壮壮已经狼吞虎咽地“剃光”了两根排骨。当妈妈将下一盘菜端上餐桌的时候，一盘糖醋排骨已经被壮壮吃掉了一半。

“你一个人吃这么多，我吃什么呢？”妈妈佯装生气地说道。

“妈妈，这盘糖醋排骨不就是给我做的吗，所以我就吃了啊！”壮壮一脸的理所当然，不过也意识到了自己做得不对，赶忙给妈妈夹了一块排骨。

虽然壮壮说得“有理”，但是，也要“有礼”啊！妈妈决定和壮壮说一说餐桌礼仪。

美食当前，记得分享

在生活中，当我们遇到自己喜欢吃的饭菜时，不能只想着自己，对准盘子一通猛吃，而应该关心父母，留意父母及长辈的感受，并想着与他们分享，让他们一起享受美食带来的快乐。

我们吃东西时不能只顾着自己，还要留意爸爸妈妈爱吃什么。

动筷子之前瞧一瞧，美味共享才更香。

美食小霸王的失礼行为有哪些

1 独自霸占一整盘菜
这盘是我的！
2 将爱吃的菜端到自己面前
这个我爱吃！
3 和别人争抢着夹菜
爸爸，不要和我抢哦！
4 贪吃造成浪费
嗝——一点儿都吃不下了。

美味共享，感情升温

1 尽量方便长辈

用餐时留心长辈喜欢吃的菜，为方便他们夹菜，可以把他们喜欢吃的菜移到他们跟前。

奶奶，这样您夹菜就方便了。
谢谢大孙子！

妈妈，这个可好吃了，您快尝尝。

2 懂分享、礼让长辈

遇到美味的食物，第一时间跟长辈分享，礼让长辈。

爷爷，您坐着别动，我给您夹菜。

3 帮长辈夹菜

如果长辈够不到远处的菜，或行动不便，可以使用公筷主动给长辈夹菜。

文明饮食，消除餐桌上的怪声

吸溜
吸溜
哥哥，你吃面食怎么跟小猪吃食一样！

香喷喷的西红柿鸡蛋面一上桌，哥哥就端起自己那碗“吸溜吸溜”地吃了起来，喝汤也伴随着“咕嘟咕嘟”的声音。

莎莎放下筷子，无奈地说：“哥哥老毛病又犯了。”哥哥朝她做了个鬼脸：“哎呀，这是在家里，又不是在外边。”莎莎无奈地摇摇头，说哥哥吃饭像小猪一样，很不雅观。可哥哥才不管那么多，他继续埋头吃面，发出“吸溜”“咕嘟”的声音。

忽然，哥哥耳边也传来了“吸溜吸溜”的声音，而且越来越急促，听着很不舒服，他赶紧抬头，这才发现是莎莎在学自己吃饭。于是，哥哥赶紧放下手里的筷子，小声在莎莎耳边说：“妹妹，我知道错了，你赶紧停下吧，别学我了，太丢人了。”

莎莎帮哥哥改掉吸溜面条的毛病，同时也联想到自己吃饭吧唧嘴的问题，主动请家人监督自己。从此以后，家里的饭桌上再也没有奇怪的声音了。

怪声一响，教养、食欲全无

吃饭时发出怪声，会让人觉得缺乏教养，影响用餐。比如，“咕嘟咕嘟”大口喝汤，把汤汁洒得到处都是，周围的人很可能会因为害怕“遭殃”而远离我们。因此，安静用餐、细嚼慢咽，既是礼貌，又是对别人的尊重。

吃饭时的怪声真的很不雅观，听着就让人觉得没胃口。

所以，还是做个安静的“小吃货”吧！

哪些声音惹人嫌

1 吃饭时吧唧嘴

2 敲打碗碟

3 『嘎吱嘎吱』咀嚼食物

4 『吸溜吸溜』喝汤、吃面条

让嘴巴悄悄工作的方法

1 请爸爸妈妈监督

8月12日 中午
莎莎吃饭没有吧唧嘴

吃饭时，请爸爸妈妈帮忙监督，一旦发出奇怪的声音，及时提醒自己改正。

好习惯养成
第7天

2 小口吃喝

将食物分成小块，然后小口放入嘴里，不要一大口塞得满满的。喝汤时不要直接端碗，而是使用勺子小口小口地喝，有意识地培养自己养成良好的习惯。

莎莎真乖，细嚼慢咽身体棒。

3 闭嘴咀嚼，细嚼慢咽

咀嚼食物时闭上嘴巴，并放慢速度，不狼吞虎咽，慢慢用餐。

出门报备，免得父母担心

咱们一会出门去打球，你跟妈妈说过了吧？
打球要紧，妈妈肯定能猜到。

放学一回到家，小明就扔下书包，准备和强强去球场打篮球。周五可是一周唯一的打球时间，他可不想错过。

小明本来想等下楼买酱油的妈妈回来，跟她打声招呼再走，可转念一想，自己每周五都去打球，就算这次没跟妈妈打招呼，妈妈肯定也能猜到。再加上一看到球心里就直痒痒，于是小明三下五除二地换好球鞋，抱着篮球蹦蹦跳跳地就去球场了。然而，令小明没想到的是，妈妈回家后发现他不见了，都快急疯了，差点儿报警，幸亏拨通了强强妈妈的电话，知道两个孩子在一起打球，才放下悬着的心。

小明打完球回到家，听妈妈讲这些经历，感觉有些不可思议：不就是出门没打招呼嘛，有必要这么紧张吗？

行踪报备有必要

小明自以为妈妈拥有“未卜先知”的能力，却忽略了独自出门可能发生的危险，以及父母的担心。所以，及时报备是非常有必要的，一来能够让父母知道我们的行踪；二来是给自身安全的一份保障，避免不必要的危险。

原来我们以为的没关系，在爸妈眼里这么严重。

养成良好的沟通习惯，进出家门打招呼，是对自己和家人负责。

“神出鬼没”不可取

1 不声不响出去玩

2 静悄悄溜回家

这孩子到底去哪儿了?

3 二话不说就往外跑

这么着急去干吗啊?

4 晚回家不通知

爸妈会想到我在这儿玩儿的!

及时打招呼，不玩儿消失

1 进出门打招呼

出门前，记得跟爸爸妈妈打招呼，告知去向；回到家后，也跟他们打个招呼，让他们知道自己回来了。

妈妈，强强在楼下等我打篮球，我玩儿一小时就回来。
说话要算话哦！

妈妈，下雨了，我跟小伙伴走散了，现在在学院路的便利店躲雨。
你不要乱跑，妈妈现在去接你。

2 出状况时告知父母

当计划有变或者出现意外情况，不能按时回家时，一定要第一时间通知父母，并说明缘由。

3 养成报备的习惯

平时和父母多沟通，养成报备行程的习惯，以免他们担心。

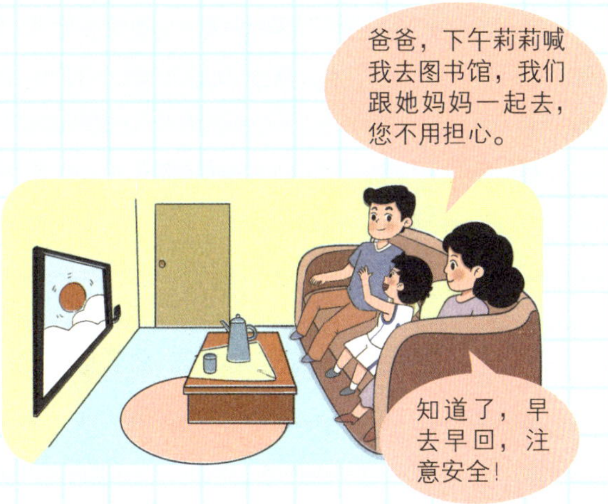
爸爸，下午莉莉喊我去图书馆，我们跟她妈妈一起去，您不用担心。
知道了，早去早回，注意安全！

主动打招呼，熟人也有“礼”

龙龙，几天不见你又长高了！
龙龙，跟阿姨打招呼啊！

别看龙龙平时活蹦乱跳的，那只是和熟悉的小伙伴在一起时的表现，当面对街坊邻居时，他立刻就变成了另一副样子。

一天下午，妈妈带龙龙去逛街，偶遇邻居张阿姨，张阿姨热情地挥手打招呼：“龙龙，几天不见你又长高了！”

面对热情的张阿姨，龙龙攥紧妈妈的衣角，嘴巴张开又合上，一副想说什么又不敢说的样子。妈妈等得有些着急：“龙龙，跟阿姨打招呼啊！”龙龙在心里默数了 5 个数，终于鼓起勇气，很小声地说了句“阿姨好”。

说完之后龙龙感觉轻松多了，他心想，原来打招呼也没那么可怕嘛！之前自己见到熟人就像老鼠见到猫，拼命往后躲，简直太好笑了。以后一定要主动打招呼。

打招呼能拉近距离

打招呼这个小小的举动中其实蕴含着大大的意义，它能够迅速拉近人与人之间的距离。但如果我们看见熟人不打招呼或不回应别人的招呼，对方可能会觉得被轻视，造成误会。

千万别把打招呼当作一件无关紧要的小事，它可是人们在交往过程中最基本的礼仪。

一声“你好”或一个微笑，大家都开心。

打招呼时不礼貌的行为

看不见我，看不见我。

1 躲起来不打招呼

妈妈，我跟龙龙打招呼，他怎么不理我？

2 别人打招呼装做听不见

好久不见啊，龙龙。
哦。

3 敷衍回应

难道他在等我先开口吗？

4 等着别人先打招呼

建议这样打招呼

1 面带笑容，态度真诚

打招呼时，要面带笑容，眼睛看着对方，让对方感受到我们的诚意。比如，可以微笑着说“你好”，关系好的话也可以握手或拥抱。

这才几天没见，看把你们高兴的。
想死你了。
××小区

老师好！
声音清脆又洪亮，小峰表现真棒。
××小学

2 声音要适中

打招呼时声音要适中，让对方感受到自己的热情，注意不能太大声，那样会吓到别人。

李奶奶，早上好！
这孩子真懂事。

3 使用恰当称呼

打招呼时，要尽量加上对方的名字或者称谓。向长辈打招呼时，一定要使用恰当的称呼，这样会显得更尊敬和有礼貌。

孝敬长辈，经常问候记心间

奶奶您不会是要把给我的红包送给雪公主吧?
当然不会啦，因为这就是给我们欣欣的!
欢度春节
喜气洋洋迎新年
爆竹声声辞旧岁

欣欣平时很少主动给爷爷奶奶打电话，偶尔打一个，刚说两句话就不耐烦地把电话挂断了，每年只有端午、中秋和春节，欣欣才去看望爷爷奶奶。

春节这天，欣欣到爷爷奶奶家后漫不经心地说了一句“爷爷奶奶，我回来了。”随后便打开电视看起了动画片。这似乎是她回来过节的全部内容。

爸爸笑着说道：“我们是回来看望爷爷奶奶的，可不是回来看电视的！”

欣欣也不回答，继续看电视。爷爷看着她，闷闷不乐地走开了。爸爸很生气，赶紧给欣欣讲了晚辈要多问候、陪伴长辈的道理。欣欣听着听着，意识到了自己的无礼，于是去找爷爷奶奶道歉，并重新向爷爷奶奶问好。之后她还跟爷爷奶奶一起堆起了雪人。

爷爷奶奶今年特别开心，特意给欣欣包了一个比往年大的红包，小院里充满了节日的笑声。

为什么要常常问候长辈

长辈岁数大了，可能会产生孤独或者被忽视的感觉，我们的问候能给他们带去安慰，让他们感受到被关心和被尊重。他们在我们的成长过程中付出了很多，经常问候也是对他们付出的认可和感恩。

我和爷爷奶奶住在一起，每天都问候他们。

珍惜身边人没错，但也不要忽略了远方的长辈哟！

不闻不问心凉透

1 好久一次的电话问候
欣欣，爷爷的电话！
2 一两句话就结束
爷爷，我要上舞蹈课啦，不回去了！
3 见面也不陪伴
玩去喽！
4 在一起很敷衍
你不想奶奶吗？
想……
真无聊！

问候长辈的方式

1 面对面问候

奶奶，我想死您了！
奶奶这不来看你了吗？

面对面问候是最直接也是最有效的维系亲情的方式，一个微笑或者拥抱，就能让长辈感受到被关爱和被尊重。

爷爷，我都一学期没见到您了，很想您呢！
放暑假了来爷爷这儿，爷爷准备好吃的等你。

2 电话或视频问候

打电话或视频，能让长辈听到我们的声音、看到我们的样子，这也是一种很大的安慰，而且方便、快捷。

爷爷奶奶：
你们这些日子还好吗？
有没有按时吃饭？
我在学校很想你们。
一眨眼，小家伙去城里都半个月了。

3 写信或发短信、微信问候

写信或者发短信、微信问候能够让不好意思说出口的话，变得容易表达，让长辈感受到我们的关心。

学会倾听，切忌随意插话

小姨，北京的大楼真的有108层吗？
小姨，你不害怕吗？
小姨，你去过楼顶吗？

在北京打拼的小姨来家里做客。尧尧按捺不住激动的心情，待在沙发旁听妈妈和她聊天。

听到小姨讲北京最高的大楼有108层，像个“细细的花瓶”时，尧尧忍不住打断道：“花瓶哪有那么结实？”小姨扑哧笑出声来，说：“傻孩子，那是因为它的底座厚实呀！”

接着，当小姨说起北京游乐园里的过山车等娱乐设施时，尧尧两眼放光，不停地打断小姨说话，还提出各种问题，害得小姨话到嘴边却忘记了要说什么，妈妈的兴致也一扫而空。

原本愉快的聊天氛围，被尧尧“连环炮”般的追问弄得有点儿尴尬，但他自己丝毫不觉得有什么不对的地方。

乱插话，影响交流质量

打断别人讲话是很不礼貌的行为，不仅会影响别人的思路，自己也会给人留下急躁、冒失的坏印象。所以，当别人谈话时，不要插话。在与别人交谈的过程中，我们要学会倾听，即使有不同的意见，也要耐心地等别人说完再发表自己的观点。

别人讲话时不要随意打断，要学会顾及别人的感受。

是的！话说一半可难受了！

随意插话惹人厌

1 不管别人，自说自话
听我说！
2 大吵大闹，哗众取宠
哈哈，快来看啊！
3 制止别人的发言
别说了，我听不懂！
4 总是转移话题
我们篮球队……
我们应该先打扫卫生……然后再……

不打断别人说话的诀窍

好想知道她们在聊什么啊！但是打断别人说话很不礼貌。

1 保持克制

很想打断别人说话时，要有意识地控制自己的冲动。比如，告诉自己那是很不礼貌的行为，或对自己说：“忍住，别着急。”

我认为，偶尔睡懒觉对身体有好处。
老师，我有不同意见。

2 学会倾听

别人说话时，将注意力放在对方说话的内容上，专心听。即便有不同的意见，也要等别人把话说完，之后再礼貌地举手发表不同意见。

3 先征求意见再开口

实在忍不住想要打断别人时，开口之前记得说一声“抱歉，我可以打断一下吗？”

我干副业也是为了这个家好！
爸爸妈妈，我可以打断一下吗？请问你俩谁做饭？

放下攀比心，要比比学习

老师说得对，打球就要比球技。
我们之前那些攀比确实错了，比赛的输赢关键还是在于技术。
101
109

课间活动期间，教室外走廊上聚集了好多小伙伴，原来是毛毛穿了新款球鞋，大家正羡慕地欣赏毛毛脚上的新球鞋呢！

“这是我爸爸专门给我买的明星同款球鞋。”毛毛一脸骄傲地说。京京不甘示弱地说：“有什么了不起的，我的篮球还是限量版呢！”“你俩的篮球和球鞋都不错，就是不知道球技怎么样。”路过的体育老师刘老师漫不经心的一句话，惹得围观同学哈哈大笑。

毛毛和京京还是不服气，于是刘老师让他俩找两个男生进行一场篮球比赛，结果，毛毛、京京惨败。他们终于意识到，球打得好不好和装备没关系，关键还是在于技术，刘老师说得果然没错，“打球就要比球技”。

比来比去，得到了什么

学生应当以学业为重，盲目攀比只是逞一时的口舌之快，并不能给自己带来切实有益的东西，反而会因此分散我们的注意力，不仅影响学习，还会对自身的价值观产生不好的影响。我们应该放下攀比心，专心学习，健康成长。

这年头，学习才是王道，盲目攀比只会害了我们。

没错，不攀比，专心学习。学习可以改变命运，成就更好的自己。

盲目攀比行为集

1 比较零花钱、零食
看我零花钱多吧！
哼！
2 比穿着打扮
看，限量款的！
3 比学习用品
高端大气上档次吧？
4 比家庭条件
我家房子超大的，还有游泳池……
哇！

把攀比心用对地方

1 认真学习

听老师和家长的话，把心思放在学习上，努力提高学习成绩和其他技能，这才是值得骄傲的事。

希望大家以××为榜样，认真学习！
最佳进步奖
下次我要超过他！

哇！好漂亮！毛毛你那个老古董也该换了吧？
这可是陪我身经百战的战友，怎么能轻易换掉呢？

2 做理性消费小达人

买东西时，想一想自己是不是真的需要。比如，看到同学漂亮的橡皮，如果自己已经有一块能用的，就不要再买新的啦。

3 学会知足常乐

我们要学会珍惜自己已经拥有的东西，不去羡慕别人。此外，还要提高认知，多发现自己和别人的优点，而不是只看物质。

漂亮吧？上面还有我喜欢的动漫人物呢！
我的这个也不错，虽然不是名牌，但可实用了。

不乱起绰号，杜绝伤人软暴力

给人起绰号可不好，我得和他谈谈！
欢迎新同学
壮壮
二师兄，你胳膊上的肉挤着我了！

班级里转来一位新同学，名叫壮壮，身材也是名副其实地壮，脸蛋儿圆嘟嘟的，看起来就憨厚老实。

老师安排壮壮跟王浩坐同桌。王浩是众所周知地爱表现，新同学屁股刚挨着凳子，王浩便和他开起了玩笑：“二师兄，你胳膊上的肉挤着我了。”一句话惹得全班同学哄堂大笑，壮壮顿时脸红得像红苹果。老师马上严肃地批评了王浩。

本以为事情到此为止，谁知王浩毫不收敛，专门在人多的地方喊壮壮“二师兄”，并且一副满不在乎的样子。

这天在食堂排队打饭时，王浩看见壮壮又开始起哄：“二师兄，你往后排排，晚会儿吃就当减肥了。”壮壮饿着肚子忍无可忍，攥紧拳头就要打王浩，幸好被同学们拉开。结果，这件事被老师告诉了家长，爸爸妈妈狠狠地批评了王浩一顿。

恶意绰号的“威力”

绰号在我们眼里可能就是一句玩笑话，但给别人造成的伤害是真真切切的，尤其是带有侮辱性的绰号，会让对方自尊心受到伤害。

给别人起不好听的绰号，就像往他们的身上扎刺。

温暖的语言和行动会让班级更美好，同学之间彼此尊重，友情才能走得长远。

恶意绰号知多少

1 嘲讽别人的性格
嗨！闷葫芦！
2 嘲讽别人的外貌
你看她多黑啊！叫她黑煤球吧！
3 讥讽别人的行为习惯
你看，蜗牛！
4 嘲讽别人的学习
哟，错这么多，学渣王啊你！

守护友谊，拒绝乱起绰号

1 尊重同学，文明有礼

同学，你好！我是新来的小明，请问教学楼怎么走？
小明你好！沿着这条路往前走100米，右手边就是啦！

我们要尊重每一位同学，同时尊重他们的名字，当我们想叫同学的时候，就用他们的名字来称呼。

矮冬瓜！
不行，要是别人这么叫我，我该多难受啊！

2 拒绝绰号

当脑子里突然冒出想给同学起绰号的念头时，赶紧打消这个念头。可以跟同学约定，决不互相起绰号。要是有人违反约定，就要受到小小的惩罚。

3 多发现同学的闪光点

我们要心怀善意，多去发现同学们的优点和长处，多用积极、正能量的语言去鼓励、赞扬他们，而不是用绰号嘲笑他们。

多谢！你真是乐于助人。
没什么，举手之劳而已。

老师面前，收起小脾气

瑞瑞这是怎么了？
老师也是善意提醒啊，瑞瑞这样发脾气太不对了。
我可不要像瑞瑞那样暴躁，对老师没礼貌！

香喷喷的鸡腿刚要吃到嘴里，瑞瑞就被一个熟悉的声音吵醒。“醒醒，上课啦！”瑞瑞睁大眼睛一看，语文老师赫然站在自己面前。

瑞瑞立刻站了起来，解释道：“不好意思，老师，昨晚熬夜补作业，几乎没睡。”老师听了，善意地提醒他要早睡早起，上课要集中注意力。谁知瑞瑞的倔脾气碰上起床气，吼了起来：“谁想熬夜？谁让你们老师布置那么多作业！”此话一出，教室里的空气突然就凝固了。

老师皱着眉头耐心地解释：“布置作业是为了巩固知识。”没想到瑞瑞的小脾气彻底爆发，他固执地嚷嚷着反驳：“反正就是写不完！都怪你们！”

瑞瑞倔强得像头小牛，直到下课被老师叫去办公室教导了好一顿，才算平静下来。

心怀感激，不发小脾气

我们正处在叛逆的年纪，管不住自己的小情绪很正常，尤其是当情绪压抑到一定程度时，更容易因为某句话或者某件事就爆发。但我们要明白，老师是教我们知识的人，我们应该对他们心怀尊敬和感激，而不应因为自己的小脾气让老师难堪。

小脾气可以有，但不能随便发，更不能对着老师大吼大叫。

就是啊，对着老师发小脾气，哪有心思听课啊？管好情绪吧！

常爆发小脾气的原因

1 听不得批评
为什么说我？
2 情绪管理能力差
选举
龙龙 瑞瑞 浩浩
为什么？我受不了了！！
3 叛逆心理
字要写工整……
我又没写错，有什么问题？
4 压力太大
您一点儿都不了解，我都快累死了！

降伏小脾气，不惹老师恼

1 理解老师

看看，怎么这么粗心，错了这么多！
老师指出我的错误，是希望我能变得更好！莫气，莫气！

我们要明白老师的用心，理解老师的辛苦，知道老师是为了我们好，这样就不容易生气啦。

闭嘴！控制！冲动是魔鬼。

2 学会控制自己的情绪

快要发怒时，要想办法让自己冷静下来，如深呼吸几次，在心里默默数数，从一数到十，等情绪稳定了再说话。比如，当老师批评我们时，在心里告诉自己不要冲动。

3 用正确的方式表达

如果我们对老师的做法有不同意见，或者被老师误会了，可以礼貌地跟老师说，而不是发脾气。

老师好！您误会我了，我刚刚没有故意捣乱，而是听到后面有声音回头看了一下。
是这样啊，老师错怪你了。

尊重同学隐私，维护和谐

不行不行，看别人日记不好。
日记里会不会有什么秘密？就看一眼也没关系吧？
计划表

团团是篮球场上的“超级投手”，但午休打球时，他由于跑得太快，“光荣”地崴脚了。下午超级期待的体育课也无奈泡汤了，团团只能可怜巴巴地坐在教室里，无聊地扫视着每一个角落，却意外地被两个字吸引。

“咦？日记！学霸苗苗居然把日记放在桌子上！我倒要去瞧瞧她有什么小秘密。”团团一瘸一拐地蹦跶到苗苗的课桌前，刚准备伸手，脑子里忽然闪过“偷看不道德”的念头，但又按捺不住好奇心，不自觉地往前伸手。

眼看手距离日记本越来越近，“丁零零！”下课铃声响起，团团很快回过神来，乖乖地回到了座位上。

不乱闯别人的“隐私城堡”

每个人都有自己的“小秘密”，想象一下，如果有人未经允许就偷看我们的秘密，我们是不是会感到愤怒呢？所以，我们要学会尊重别人的隐私，不能为了满足自己的“好奇心”就随意窥探、泄露别人的隐私。

除了日记，其他的隐私也不能随意打听。

那当然，尊重同学隐私是我们应有的重要品德。咱们可不要“好奇心”过重。

不该有的“好奇心”

你家里发生什么事啦？
就不告诉你！

1 追问别人的秘密

说什么悄悄话，声音这么小。

2 偷听别人讲话

重大新闻，小明这次考试只考了 59 分！

3 传播他人隐私

谁上学还带布娃娃，小丽真幼稚！

4 随意翻看同学物品

尊重同学隐私可以这样做

1 学会尊重他人的隐私空间

我们要认识到隐私的重要性，要有边界感。在学校时，不随便进入别人的座位区域，不擅自翻动别人的课桌抽屉。如果需要借用别人的东西，一定要先征得同意。

看，日记本！要不要稍稍看一点点？
不要吧，每个人都有小秘密，我们要尊重别人的隐私。
日记本

小明家真的是贫困户吗？看不出来呀！
我什么都不知道。

2 不传播他人的秘密

如果偶然听到别人的秘密，要守口如瓶，不能把秘密随意地告诉其他同学。即使是好朋友，也不能轻易泄露。

3 克制住过度的好奇心

有时候我们可能会对别人的事情很好奇，但要控制自己的好奇心，不要因为好奇而去窥探别人的隐私。

好奇心
锁着好奇心这只调皮小猴子吧！
来，喝口水。不想说就不说，没关系的。

文明排队，公共秩序大家维护

机器故障
暂停使用
妈妈说得对，插队是没有素质的行为。我要文明排队。
插队是不对的哦！快回来耐心排队。

今天可真是超级棒的一天！因为最近学习十分用功，期末考试成绩超级好，妈妈奖励晓敏来一场采购大作战。只见晓敏推着购物车，在货架间疯狂“扫荡”，把自己想吃的、想玩的一股脑儿地往车里放，别提多开心了！然而，结账时，因为有一台收银机临时“罢工”，队伍排得好似没有尽头的贪吃蛇。晓敏只得耐着性子排队，排呀排，腿都站酸了，可前进的速度还是像蜗牛一样慢。

这时候，晓敏看到有人探头探脑的，好像要插队。晓敏也立刻行动起来，准备效仿他们。没想到她刚迈出脚，就被妈妈一把拽回来。妈妈小声地说道：“插队是不对的哦！快回来耐心排队。”晓敏只好吐吐舌头，乖乖站好。

排队有秩序，文明不能少

排队时，遵守秩序既体现了我们的良好品德，又会让事情变得更高效。如果大家都乱糟糟的、随意插队，不但不文明、不公平，还会让队伍混乱，影响结账速度。所以，让我们做个文明有礼的孩子，不插队、不急躁，耐心等待。

不管队伍排多长，插队都是不对的。

没错，破坏规则不仅会引起他人的反感，还会显得自己没素质。

排队时的乱象

① 插队

我有急事，让一让。

② 乱窜，推挤他人

看你往哪儿逃！

③ 大声喧哗

哇，太好玩儿了吧！

④ 长时间不前进

麻烦你挪一下！
急什么，老板又不会关门。
冰激凌

文明排队，展现教养

1 按顺序排队

乖乖按照先来后到的顺序排好队，看到插队的人礼貌阻止，拒绝和他一起插队。

那多危险，要是上不了还可以等下一趟呀！
我怕没位置了，要不冲进去吧？

这里可不是操场，咱们还是安静地排队吧！不小心碰到别人多不好呀！
羊肉串

2 保持适当距离不打闹

站在队伍里耐心等待，和前后的人保持适当的距离，不要推搡别人，不与小伙伴打闹。

3 有事插队先询问

如果实在有急事，大胆站出来跟大家解释，礼貌询问别人是否愿意让一下。

阿姨，我肚子疼，您能让我先用厕所吗？谢谢啦！
没问题，你先来吧。

公共场合，打喷嚏有讲究

公园
宝贝，打喷嚏的时候得用纸巾捂住口鼻，不然细菌就到处乱跑啦。
还好我跑得快，细菌肯定追不上我！

春暖花开，植物园里一片花红柳绿，美极啦！飞飞跟着爸爸妈妈一起来游玩。

没想到的是，游客非常多，他们刚到门口就排起了长队。排了一会儿，飞飞张开胳膊使劲儿伸了个大大的懒腰。好巧不巧，一阵风呼呼吹过，柳絮钻进了飞飞的鼻孔里。只听一声响亮的“阿嚏”，飞沫满天飞。妈妈被吓得浑身一哆嗦，周围的几个人也露出了惊讶的表情。爸爸赶紧掏出纸巾递给飞飞，说：“宝贝，打喷嚏的时候得用纸巾捂住口鼻，不然细菌就到处乱跑啦。”

飞飞刚要伸手接过纸巾，不料鼻子突然一阵刺痒，不由得又张大了嘴巴，他强忍着，等回过神来一看，周围的人早就躲得远远的啦。就在这时，喷嚏再次袭来，飞飞赶忙用纸巾捂住了口鼻。大家有惊无险地躲过了这次“突袭”。

不遮不掩，病毒乱飞

如果打喷嚏时不做任何防护措施，病毒会飞得到处都是，这一行为除了会让我们遭到别人的嫌弃，更重要的是不利于自己和他人的健康。因此，无论是在家里还是在外面，我们一定要在打喷嚏时做好遮掩，从而降低病毒传播的风险。

看来打喷嚏也是一门学问啊！

是呀，正确打喷嚏既文明礼貌又保护健康。

这样打喷嚏不文明

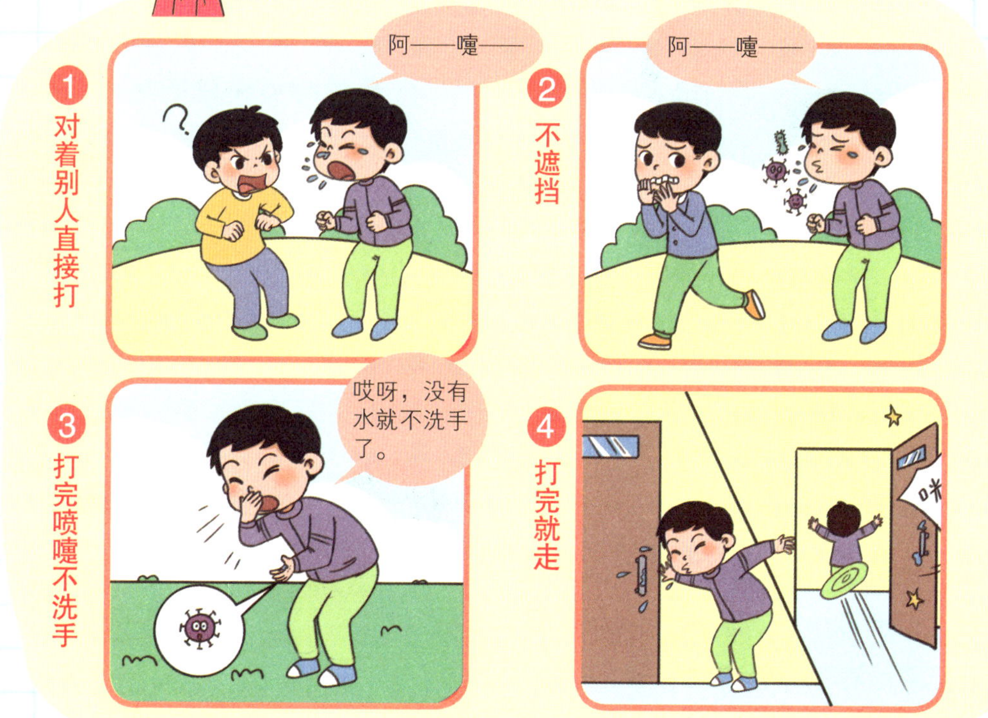

1 对着别人直接打
阿——嚏——
2 不遮挡
阿——嚏——
3 打完喷嚏不洗手
哎呀，没有水就不洗手了。
4 打完就走

公共场合打喷嚏的正确姿势

1 避免对着他人

打喷嚏时尽量避开人群，保证飞沫不会喷到别人身上。如果身边有人，就尽量背过身去。

哎呀，忍不住了，可不能直接对着别人打喷嚏！
小伙子真有教养！

2 遮挡口鼻

打喷嚏时要迅速用纸巾捂住口鼻。如果没有纸巾或来不及，可以微微弯曲手肘，用手肘内侧来遮挡口鼻，避免飞沫乱飞。

来不及了，只能自己解决。别影响别人就好！
这也是个办法。

3 打喷嚏后要注意卫生

打完喷嚏后，要立刻把用过的纸巾扔进垃圾桶里，并尽快认真洗手。如果不小心对着桌椅、扶手打了喷嚏，要进行清洁或消毒处理。

把病毒放进垃圾桶里，不让它出来祸害人。
卫生小达人啊！
垃圾桶

爱心天使，温情满车厢

小姑娘，谢谢你给我让座。
您别客气，爷爷，这是我应该做的。

周末，茹茹怀着激动的心情，拉着妈妈的手走进了地铁站——她要跟妈妈一起去植物园看花啦！

拥挤的车厢里到处是人，靠近屏蔽门的一位好心的大姐姐把座位让给了茹茹。随着耳边“轰隆隆”的声响，茹茹好奇地睁大眼睛到处看，兴奋极了。

很快，地铁列车停靠下一站，上来一位拄着拐杖的老爷爷。妈妈示意茹茹给老爷爷让座，可茹茹正忙着看玻璃上的路线图，一时间没看到妈妈的提醒。这时，有远一点儿的乘客站起来给老爷爷让座。

突然，地铁列车起步了，老爷爷还没走到座位边就差点儿摔倒。妈妈见状，赶紧一边扶着老爷爷，一边招呼茹茹，茹茹立即请老爷爷坐下。周围的乘客向茹茹投来赞赏的目光。虽然这一路茹茹是站着到植物园站的，但她的心里像灌了蜜一样甜。

让座是在传递正能量

当我们把座位让给更需要的人时，就像把温暖和爱心传递给了别人。他们可以坐在座位上短暂休息，缓解身体的疲劳或不适，我们也会因为帮助别人而感到快乐。

给他人让座，也是给自己增光呢！

大家一起传递温暖，才能让车厢更文明。

让座“逃兵”行为“大赏”

1 和别人抢座位
是我先坐上的！
明明是我先坐上的！
2 假装没看见
看不到就不用让座了吧？
3 故意霸占爱心座位
虽然她是孕妇，但我也还小呢！
4 找借口不让座
我书包很重的，站不了。

积极让座，弘扬传统美德

1 善于观察

在车上时，我们要善于观察车厢内的情况，发现行动不便或者身体不适的乘客上车，就主动让座。

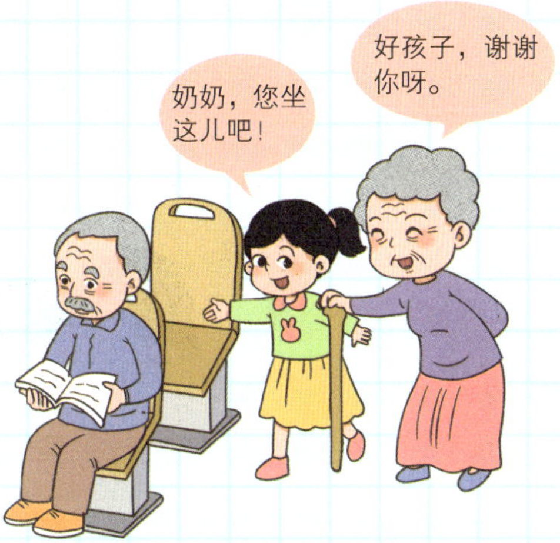
好孩子，谢谢你呀。
奶奶，您坐这儿吧！

你先到，你坐吧！
还是你坐吧！

2 不抢座、不占座

乘车时，不抢座、不占座，遵守车厢秩序，彰显个人素质。

让座不仅给别人行方便，也给自己带来快乐。大家行动起来吧！
让出一个座，温暖一颗心

3 宣扬让座行动

通过实际行动和大力宣传，带动身边的朋友或同学加入让座行动中。

拒绝乱刻乱画，不能把景区当成涂鸦板

小弟弟，要文明参观哟。
我知道错了，下不为例。

终于放暑假了，文文心心念念的北京之旅开始喽！

人家都说“不到长城非好汉”，她也特别想当一回好汉。这不，旅游的第一站就选在了八达岭长城。

站在北八楼（八达岭长城最高点）放眼望出去，群山连绵不断，雄伟的长城像一条巨龙，盘旋在天地之间。然而，当文文把视线收回，仔细看长城城墙时，却看到一条条刻痕。她心疼极了，正想着要做点儿什么，只见一个小朋友手里拿着粉笔，就要往城墙上画。文文立刻说道：“小弟弟，要文明参观哟，你把长城画得脏兮兮的，它会哭鼻子的。”

“啊？我还以为画两下没关系呢，我知道错了，下不为例。”小朋友停下手，不好意思地回答道。

爸爸妈妈看到了，露出了欣慰的笑容，表扬了文文。

文明游览靠大家

在景区乱刻乱画，会破坏景点的美丽和整洁，还有可能破坏文物。作为有素质的小学生，我们有责任和义务维护景区环境，不在柱子、墙壁等地方乱刻乱画，更不破坏公共建筑、文物古迹，做到文明参观。

保护景区，才能让美景延续，乱刻乱画多没素质啊！

文明参观，从我做起，不破坏原本和谐的画面。

乱刻乱画素质差

1 刻字留念

留个纪念！
××到此一游

2 写不恰当内容

哈哈哈！大家都会看到吧？
喜欢我
爱护我
请勿
乱涂乱画
××是××

3 涂鸦作画

文明参观，请勿乱涂乱画。

4 张贴广告或贴纸

好可爱！

文明游玩指南

1 树立正确观念

可以通过看故事、看科普视频等方式，了解在景区乱刻乱画是不文明的行为。

太没素质了！墙就这样被毁掉了！
所以我们千万不要这样做哦。

这样就不手痒了吧？
妈妈你的办法真好，画在纸上就不会搞破坏了。

2 约束自己，劝阻他人

在景区游玩想要乱刻乱画时，心里要提醒自己不能那样做，或让爸爸妈妈监督。如果发现有人在景区乱刻乱画要制止或请景区工作人员出面解决。

3 做个文明宣传员

回到学校或家里，把不能在景区乱刻乱画的重要性告诉其他小伙伴，将文明的声音传递出去。也可以建议景区管理员在醒目的位置设置标识，提醒游客文明游览。

去游玩的人那么多，要是都涂画一点点，景区早就面目全非啦！
板报
小明说得对！我们有义务遵守景区规定，不乱涂乱画。

宽厚待人，谅解无心之过

这原是要给我妈妈买盐的，我买一个新的给你好不好？
××超市
他也不是故意的，还是别计较了吧，宽容一点儿。
算了吧！
5

悦悦拿着五元钱，像只小兔子似的蹦跶着进了超市。“老板，我要一个香草味的冰激凌。”要知道，这可是悦悦辛辛苦苦刷碗从妈妈那里挣来的钱，她要好好品尝一下自己甜蜜的劳动成果。

走出超市，悦悦撕开包装袋，把冰激凌送往嘴边。就在这节骨眼儿上，一位住在隔壁楼的小朋友冲过来把悦悦的冰激凌撞掉了。“哎呀！我一口还没吃呢！”悦悦急得直跳脚，小朋友也赶忙道歉，并提出拿原本帮妈妈买盐的钱买个新的冰激凌赔给她。“这可是我用劳动换来的，意义不同！”话音刚落，悦悦看见小朋友那愧疚的表情，顿时心软了，觉得不必小题大做，就笑着对小朋友说：“这次就算啦，以后走路可得小心点儿哟！”

人难免犯错，要有宽容之心

人无完人，偶尔犯错是很正常的事情。心胸宽广的人通常能够冷静地对待别人的过失，尽可能大事化小，小事化了。我们在宽容他人的同时，也是为自己积累善意。当我们不小心犯错时，别人也会以同样的宽容之心来对待我们。

我以后要做一个宽厚的人，“宰相肚里能撑船”。

哇！宽以待人，不仅能让我们每天心情舒畅，还能收获友谊。

心胸狭隘不饶人的行为有哪些

1 斤斤计较
光道歉有什么用，赔一本新的！
2 冷战不理人
原谅我，我们一起去书店好不好？
哼！
××小学
3 到处宣扬别人的过错
冰冰太莽撞了，把我撞倒了，可疼了。
4 爱记仇，报复他人
谁让你之前把我的书弄到地上的！

胸怀山海天地宽

1 换位思考

当别人犯错时，想象一下，如果犯错的是自己，是不是希望别人原谅自己呢？换位思考可以让我们懂得宽容。

冷静！要是我不小心弄坏了他的篮球，会怎么样？眼镜坏了可以修，千万不能生气。
对不起，我不是故意的。

对不起，这是我的一点儿心意。
啊？我都忘了，你也别放在心上了！

2 学会“忘记”

面对别人的小错误，要学会“忘记”，抓着不放是给自己找气受。

没关系，你也不是故意的，再说你平时也帮我很多。
对不起！

3 认识到原谅是美德

当别人犯错时，提醒自己原谅别人是一件很美好的事情，也多想想别人的好，不要只盯着错误看。

串门做客，大方得体懂规矩

让你规矩点儿，你不听，惹祸了吧？
呜呜——我以后再也不乱翻别人家的东西了。

阳阳今天特意穿了一身新衣服，满心欢喜地跟妈妈去姨妈家做客。

一开始，阳阳还算老实，可还没过 20 分钟，妈妈和姨妈正在厨房里忙活时，他就“原形毕露”了，将电视机声音开得很大，乱扔吃完的零食包装袋。表姐菲菲打电话时，他总是不礼貌地打断，菲菲忍不住说他，他还顶嘴。

过了一会儿，表姐菲菲去卫生间了，阳阳“抓紧时机”溜进了储藏间。一个大机器人一下子就吸引了他的视线，于是他便一屁股坐在地上玩了起来，根本没留神架子上的东西。

“哗啦啦”一阵清脆的声音响起，听到动静的妈妈、姨妈赶紧跑过来，只见地上撒满了围棋的棋子。阳阳吓傻了，一个劲儿地说：“我不是故意的。”阳阳一边捡拾散落满地的棋子，一边在心里暗下决心：以后再也不乱翻别人家的东西了。

做客必须有教养

文明做客，既是对主人的尊重，也会让主人觉得我们是可爱、懂事的孩子，以后也会欢迎我们再去做客。如果表现得没教养，可能就会给人留下差印象，被主人列入“不受欢迎名单”。所以，做个懂规矩、有教养的小客人吧！

到别人家做客，表现不好，下次人家就不请我们了。

那当然，谁都不欢迎一个没教养的客人呀！

如此做客，小心招人嫌

1 不讲礼貌
小朋友，今年几岁了？
2 随便乱翻别人的东西
停！干吗翻我的玩具？
3 不讲卫生
嗖——
4 大声喧哗
没关系。
阳阳，安静点儿！

文明做客，表现得体

1 讲礼貌

一进门，要向主人及家人问好。主人拿水果招待我们时，记得说“谢谢”。离开时向主人及家人道别，并感谢他们的款待。

你们好，快进来坐！
阿姨好！

你看他们多好，安安静静的。

2 不喧哗打闹

保持良好的坐姿和站姿，说话要轻声细语，不大声喧哗和追逐打闹，避免损坏主人家的物品。

3 征得同意方能动物品

去别人家做客，看到感兴趣的东西时，一定要征求主人的同意后才能动。对于卧室和书房这种私人区域，没有受到邀请，不能私自闯入。

叔叔，我可以玩一下那个小猫玩偶吗？
当然可以了，来，先吃个水果。

热情周到，做好待客小主人

是我没拿稳，
姐姐对不起。
没关系，我来
收拾就好了。
我是小主人，要
好好招待客人。

周末，舅舅一家要来盈盈家做客，爸爸妈妈出门买菜，让她乖乖待在家。

盈盈正在打扫卫生，突然听到“叮咚”的门铃声，她通过猫眼看到了舅舅，赶忙开门，热情地打招呼：“舅舅、舅妈好，朵朵表妹好，屋里坐吧！”

大家坐下后，盈盈端出水果和零食招待舅舅一家，谁知朵朵没拿稳，直接把水果盘打翻了。盈盈正想生气，突然想起妈妈叮嘱她要礼貌待客，于是便笑着说：“没关系，我来收拾就好了。”朵朵开心地亲了她一口。

这时，爸爸妈妈回来了，看到盈盈这么礼貌懂事，大大地表扬了她。盈盈心里美滋滋的，原来礼貌待客这么棒呀！

文明待客送温暖

文明待客是中华民族的传统美德之一。文明待客，不仅可以展现出我们良好的素养，还会使客人感受到温暖和关爱，有宾至如归的感觉。客人对我们的好感度飙升，彼此关系也就更密切。

对待客人不仅要热情，还要真诚、懂分寸。

提供周到的服务，是我们作为主人应尽的责任。

待客中的失礼行为有哪些

1 对客人不理不睬
盈盈，快跟阿姨打个招呼！
2 在客人面前哭闹
小孩子不懂事，您别介意。
3 对客人的礼物挑三拣四
真没劲，没一个我喜欢的。
4 催促客人离开
爸爸，快点儿啊！一会儿打球来不及了！

热情周到，使客人感觉宾至如归

哎呀，欢迎欢迎，快请进。
叔叔好，让我来拿吧，您这边坐。

1 热情打招呼，主动帮忙

当客人进门时，要微笑着跟客人打招呼。如果客人提着礼物，要主动帮忙接过，随后热情引导客人就座。

盈盈真懂事！
爸爸正在泡茶，叔叔阿姨你们先吃水果。

2 分享美食，礼貌招待

为客人准备好茶水、零食和水果。如果客人问我们问题，大方地回答，说话文明有礼貌。大人说话时，不乱插嘴。

3 送别客人

客人离开时，需要送到大门口，并诚挚地欢迎客人下次再来做客。

OPEN
好嘞，我记着了，谢谢你的热情款待！
用空常来我家玩！

学会分享，收获双倍快乐

浩浩太小气了，给我们看看又怎么了？
浩浩一点儿都不懂分享，我再也不跟他玩了。

浩浩有个“宝贝疙瘩”，每天上学带着，睡觉抱着，简直一刻都不能分开。这不，他又拿出来显摆了。

“这是我舅舅从国外买的，智能机器狗！”浩浩得意地说。“可以给我看看吗？”同桌试探性地问道。浩浩一听，立马把东西收起来，生怕别人看一眼就少块漆似的。

大家的好奇心一次又一次被浩浩“拒之门外”，慢慢地，同学们都不愿意再提他的宝贝了。浩浩十分纳闷儿，难道珍惜自己的玩具有错吗？

这天，邻居阿姨给浩浩家送来了自家种的核桃，她乐于分享的行为让浩浩很感动。浩浩因此联想到了自己之前的行为，不禁有些脸红。后来，大家总能看到浩浩主动把玩具拿出来分享，只要跟他在一起玩，欢声笑语就没断过。

独乐乐不如众乐乐

分享，可以让我们收获更多的快乐。当我们分享时，实际是在传递爱心与信任。通过分享可以拉近彼此间的距离，收获深厚的友谊，我们周围也会充满爱和关怀。如果不懂得分享，别人会觉得我们自私，也不愿与我们分享，进而逐渐与我们疏远。

爱分享的人身边从来不缺朋友，还总是很快乐。

就像我一样，与人分享，看到大家开心的笑容，我也会感到无比快乐和满足。

小气鬼的抠门行为

这是我的宝贝们，不能给你们玩。
1 独自霸占玩具
这是我的，不给你们。
2 美食绝不分享
浩浩，你背单词的窍门是什么呀？
3 学习方法『秘而不宣』
浩浩，在科技馆玩得怎么样啊？
还行吧。
4 不分享有趣经历

小小分享欢乐多

1 明白分享的意义

浩浩，这本是我带来的，你那本我没看过，可以分享一下吗？
好的。你的那本我也没看过。这样刚好，咱俩都能看到不同的。
分享日

可以经常参加一些分享活动，从中明白分享的意义。从小事做起，如从分享一支笔、一本书开始，慢慢学会分享。

我请大家吃零食！可好吃了！
谢谢浩浩，浩浩真大方！

2 分享零食、玩具等

得到好吃的零食，带一些给同学或者朋友，他们吃得开心，我们收获快乐。好玩的玩具，如果其他人也感兴趣，可以和他们一起玩。

3 分享学习方法、资料等

当同学们请教一些学习方法时，应大方地告诉他们。如果遇到很好的学习资料，也可以跟大家一起使用，或推荐大家去购买。

洗耳恭听，浩浩小老师！
我跟你讲，这道题这么做就简单多了……

培养孩子**赢在未来**的能力

漫画赢在自律

·有自律才有好能力·

洪达旦◎主编

中国经济出版社
CHINA ECONOMIC PUBLISHING HOUSE

图书在版编目（CIP）数据

漫画赢在自律 / 洪达旦主编. -- 北京 : 中国经济出版社, 2025. 1. --（培养孩子赢在未来的能力）.
ISBN 978-7-5136-8004-2

Ⅰ. C933. 41-49

中国国家版本馆 CIP 数据核字第 2024J9K089 号

责任编辑　陈　瑞　李玄璇
责任印刷　马小宾

出版发行　中国经济出版社
印 刷 者　河北盛唐印刷有限公司
经 销 者　各地新华书店
开　　本　710mm × 1000mm　1/16
总 印 张　12
字　　数　132 千字
版　　次　2025 年 1 月第 1 版
印　　次　2025 年 1 月第 1 次
总 定 价　120.00 元
广告经营许可证　京西工商广字第 8179 号

中国经济出版社　网址 http://epc.sinopec.com/epc/　社址 北京市东城区安定门外大街 58 号 邮编 100011

目录

第1章 日常生活篇

自律让你天天都元气满满

第2章 学习篇

自律使成绩步步高升

第3章 社会交往篇

自律使你处处受欢迎

第4章 情绪篇

自律让心情快快乐乐

第1章 日常生活篇

自律让你天天都元气满满

按时作息，身体活力满满

帮你清醒清醒。
都几点了？你是跟床长在一起了吗？
再等一会儿嘛。
上床睡觉，一、二、三！

晔晔有一个和谐友爱的家庭。然而，每天早晚都“硝烟”四起。这不，太阳都晒到屁股了，闹钟早就响过了，晔晔还赖在床上不起。妈妈催了一遍又一遍，晔晔直接把头缩进被子里假装没听见，气得妈妈直接掀开被子把他拉起来，连妹妹也过来帮忙。

到了晚上，连星星都困了，晔晔还一会儿玩玩具，一会儿看漫画书，就是不肯按时睡觉。妈妈催他，他还找各种理由：“我就是不困嘛！”“等会儿，马上就睡！”最后妈妈实在没办法直接关了灯，他才不情不愿地上床。

第二天早上，同样的剧情再次上演。结果，晔晔上课没精神，爸爸妈妈也被他折腾得疲惫不堪。

按时作息，健康成长

长期不按时起床、睡觉，不仅容易变得懒惰，还会使身体像缺乏照料的小树苗一样，缺少阳光和水分的滋养，影响身体发育，上课也会没有精神。按时睡觉、起床，可以使我们的身体充满能量，活力满满，让我们像个小太阳，学习高效、心情棒！

早起的鸟儿有虫吃，赖床的人可没早饭吃。

早睡早起，有规律的作息让我们身体健康、精神饱满。

熬夜、赖床面面观

1 熬夜看漫画书
哈哈，真有趣！
2 翻来覆去想事情
睡不着啊睡不着！
3 关掉闹钟继续睡
嘀 嘀 嘀
吵死了！
4 怎么叫都不起
起床啦！
再睡 3 分钟！

按时作息有方法

你最近准时睡觉、起床，所以给你一个小礼物，以资鼓励，要再接再厉哦。
谢谢爸爸，您最伟大了！

1 制定奖罚措施

请爸爸妈妈帮忙监督，如果做到按时睡觉、起床，就给自己一点儿奖励，如一个小礼物；如果没有做到按时睡觉、起床，就要接受惩罚，如不准看动画片等。

喔喔
喔！！
这么折腾自己才有效。

2 多定几遍闹钟

在入睡前定好闹钟，时间定在起床前的 10 分钟，每两分钟闹一次，且将闹钟放在伸手够不到的地方。

3 睡前要放松，起床寻乐趣

在睡觉前，不看惊险刺激的节目、漫画书或玩激烈的游戏等。早上醒来，想象一下起床后有趣的事情，如丰盛的早餐等。

大餐使我早起，加油！

合理饮食，身体才健康

慢一点儿，又
不是百米冲刺。
晚饭少吃点儿，
不然梦里被撑醒
了怎么办？

晚饭后，正在预习功课的莎莎突然一边喊“哎哟，好痛”，一边往厕所冲。

这可把爸爸妈妈吓了一跳，等她出来，赶紧上前询问。

原来，在学校吃午餐的时候，尽管别的同学都吃得津津有味，可是莎莎看着胡萝卜炖牛肉就皱起了眉头，只吃了里面的牛肉。另一份青菜更是让她一脸嫌弃，一口都没吃。下午，莎莎饿得肚子咕咕直叫，连课都没好好上。

放学后，莎莎经过一家烧烤店，香喷喷的烤肉味传来，她的馋虫顿时被勾了起来。吃了好几串烤肉外，莎莎还买了个大冰激凌。晚餐时，看着满桌美味，尽管已经很饱了，莎莎还是忍不住吃了很多。就这样，肚子终于“罢工”，疼了起来。

爸爸妈妈又生气又心疼，说：“这样吃，不出毛病才怪！”

克服挑食、暴食好处多

挑食，会使身体像缺乏肥料的庄稼，无法茁壮生长；暴食，则会让肠胃拼命工作，身体也会因营养过剩像气球一样鼓起来。合理饮食，让身体充分吸收营养，让肠胃正常工作，这样身体才会健康，体形才会好看。

挑食会导致营养不均衡，暴食则会让身体营养过剩。

挑食、暴食都不好，合理饮食才健康。

对健康有害的饮食习惯

1 只吃自己喜欢的

烧鸡，我的最爱！

2 不合口味就闹脾气

呜呜，我就要吃糖醋的嘛！

3 吃东西非常快

慢一点儿！

4 遇到可口的食物不停吃

嗝
嗝
嗝
嗝

摆脱挑食、暴食的妙招

1 了解食物的营养价值

通过看有趣的科普书籍，了解不同食物的营养价值，逐渐改掉挑食、暴食的坏习惯。

原来海带这么有营养，以后要多吃点儿！海带排骨、凉拌海带丝……
那咱们的餐桌可就丰富多彩啦！

嗯，舌头像开启了魔法。
怎么样？味道还不错吧？

2 少量尝试，慢慢适应

对于不喜欢的食物，可以先少量尝试，让自己慢慢适应，或当作挑战，尽量每餐吃几口不喜欢吃的。

3 规律进餐，控制食量

按时吃饭，少吃零食。吃饭时，可以使用较小的餐具、餐盘，以免暴饮暴食。

小碗好，饭不够可以再加。我可不想撑爆肚皮！
莎莎怎么不用大碗了，是不是觉得今天的饭菜不好吃啊？

讲究卫生，维护身体健康

洗手去！立
刻，马上！
不干不净，
吃了没病。

晨晨是个聪明活泼的小学生，成绩也不错。可他不讲卫生的毛病让爸爸妈妈头疼不已。

这不，随着一声“我回来啦”，打完篮球的晨晨进了家。今天姨妈带着表弟表妹来做客，桌上摆着葡萄。晨晨一边打招呼，一边用他脏兮兮的手拿起葡萄就吃，还把葡萄皮吐在地上。姨妈和表弟、表妹看得目瞪口呆。妈妈气得把水果篮拿走了，呵斥道：“脏得跟猴一样，赶紧洗手去，不然不准吃！”晨晨只好不情不愿地去洗手。回来再吃葡萄时，表妹突然惊呼：“你的指甲也太长了吧，练九阴白骨爪了吗？指甲缝里还有泥，多脏啊。”

晨晨一脸不以为然，说：“不干不净，吃了没病。”谁知下午晨晨就闹起了肚子，妈妈只好带他去医院。

讲卫生，不做邋遢大王

不讲卫生，不仅容易让自己变成“脆皮”体质，而且衣服脏兮兮、头发乱糟糟的也会给人留下不好的印象。如果身上有怪味更会让人退避三舍。而讲究卫生，不仅会给身体穿上了一层“防护服”，使细菌、病毒难以入侵，人也会变得清爽精神。

不讲卫生容易生病，邋遢的样子连小猫、小狗都会嫌弃。

讲卫生，身体倍儿棒，而且把自己收拾得干干净净，也是对别人的尊重。

不讲卫生的坏习惯

咔嚓！咔嚓！

① 不洗手就吃东西

② 随地吐痰

刷完牙才能睡觉！

③ 不勤刷牙、洗澡

④ 爱咬笔杆儿、橡皮等

当个卫生小标兵

1 勤洗漱、换衣

每天早上起床后、晚上睡觉前认真刷牙、洗脸；饭前便后洗手，吃完东西漱口；隔一天到两天洗头；整理好发型，指甲也要勤修剪；勤洗澡，保持衣服和鞋袜的整洁。

脖子、耳朵后面也擦干净了，晨晨真乖！
那当然！美好的一天从洗漱开始！

晨晨真棒，从不乱扔垃圾！
垃圾桶

2 不随地吐痰、乱扔垃圾

随身携带纸巾，有痰吐在纸巾里包好扔进垃圾桶。垃圾一定要扔到垃圾桶里。

3 定期打扫房间

定期打扫房间，熟练使用清洁工具。将文具、玩具等摆放好，擦拭干净。

那是，我刚才擦得可认真了。
哇！擦得真干净，能当镜子了。

学会整理，生活井井有条

橡皮哪儿去了呢？我的笔帽！我的杯盖！怎么都不翼而飞了？
磊磊书包里的宝藏可真多，可惜你的书包跟垃圾桶似的，很难翻到想要的东西。

今天阳光明媚，原本是美好的一天，磊磊却糗事不断。

早上，当他刚到座位上时，邻桌颜颜说：“磊磊，麻烦借你的橡皮用一下，我的刚好用完了。”

磊磊一边说“好”，一边把手伸进书包不断摸索，谁知过了好一会儿也没找到橡皮。他的样子像在寻宝，引得颜颜忍不住笑了起来，说他的书包是个凌乱的百宝箱。只见他摸出了圆珠笔，却没有笔帽；找到了水杯，却发现没有盖子；还翻出不少吃了一半的零食……

磊磊红着脸，手忙脚乱地收拾着。上课时，老师要检查作业，他翻了半天书包也没找到，急得满头大汗，最后才想起自己把作业落在家里了。

整洁让生活更有序

不会整理自己的物品，衣服、文具、书本、玩具等杂乱无章，不仅看起来邋遢、混乱，而且想用这些东西时还得花很多时间去寻找。有条理地整理、存放物品，不仅可以让它们井井有条，还能在想用的时候轻松找到它们。

会整理，既是一项重要的生活能力，也是自我管理的一部分。

现在学会整理自己的物品，将来管理好自己的生活就不在话下。

如此随意，房间成“迷宫”

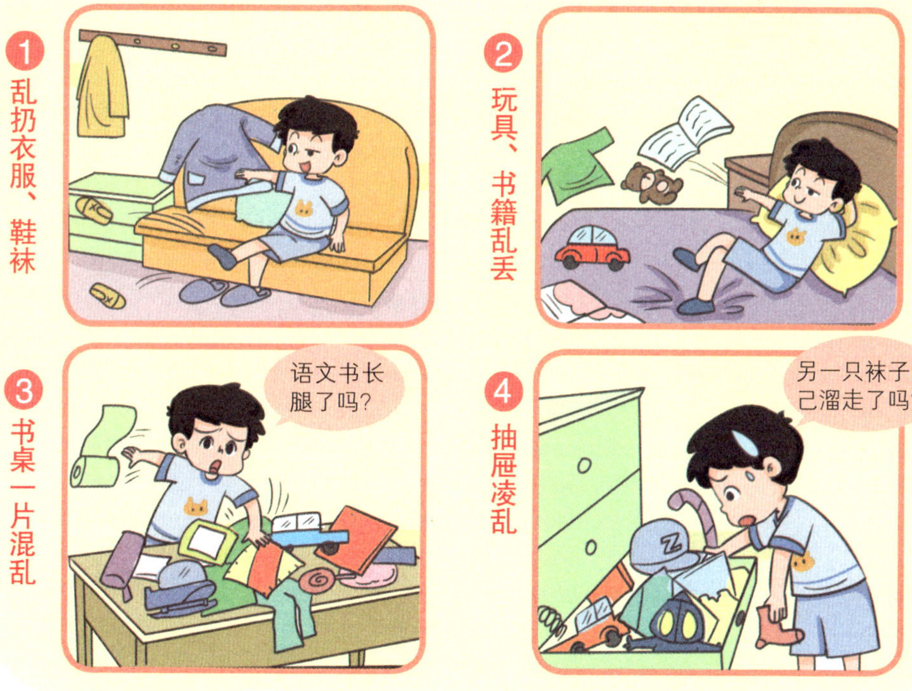

1 乱扔衣服、鞋袜
2 玩具、书籍乱丢
3 书桌一片混乱
语文书长腿了吗？
4 抽屉凌乱
另一只袜子自己溜走了吗？

让物品各就各位

1 将物品分门别类存放

好嘞，到时候闭着眼睛都能找到，不用再像小侦探一样到处找了。
给它们分门别类安个家。

给不同的东西分类，如文具一类、书本一类、玩具一类等，将它们分门别类放到各自固定存放的地方。

我是整理小能手，让房间整洁有序！

2 设定整理时间

给自己设定专门的整理时间，如每天晚上 8 点开始，用 15 分钟来做整理。像每天刷牙洗脸一样，养成整理物品的习惯。

再也不用担心放错地方啦。
那当然，清楚得就像自己的手指，一目了然。
毛绒玩具
旧书
运动器械

3 巧用标签来帮忙

给收纳箱、纸盒或者抽屉贴上标签，写上里面存放的东西，如“笔之家”“玩具乐园”等。

勤于锻炼，身体棒、学习好

看，蝴蝶！
哇！太开心了！我就像上了发条一样停不下来！
怎么样？能坚持住吗？
没事，我再休息一会儿就好了。

“嘎吱”，门开了，雅雅扶着门框，累得都快站不住了，说话的力气都快没有了。

妈妈赶紧接过背包，心疼地责怪道：“怎么样，叫你平时多运动你不听，以后可得改改。”雅雅忙点头。

原来，雅雅品学兼优，就是不爱运动，就连做操也只是有气无力地比画动作。今天郊游，雅雅没走一会儿就感觉浑身酸痛，跟散了架一样，脚底还磨起了泡，每走一步都钻心地疼。旁边的同学担心道：“你没事吧？要不我扶着你？”雅雅听完，感觉特别丢人，就拒绝了。

看着同学们一路兴高采烈，还不时开心拍照的样子，雅雅很后悔平时没有多运动。

听了雅雅的话，妈妈和她一起制订了运动计划。雅雅痛定思痛，决定好好锻炼。

爱运动，活力足

如果我们不爱运动，找各种理由逃避体育活动，不仅会让身体素质越来越差，还会影响学习状态，人也会变得懒散。勇敢地走出去，跳一跳、动一动吧！你会发现，身体变得越来越轻快，没那么容易生病了，学习也能精神百倍地投入！

锻炼不但能使我们身体强壮，而且能让我们在学习中保持最佳状态。

我们每个人都应该坚持锻炼，动起来，不要偷懒哦！

逃避运动的借口

1 逃避体育课
老师，我突然肚子有点儿疼！
怎么回事？去看医生吧！
2 排斥户外活动
这周末我们去爬山吧？
不要！我想在家休息。
3 拒绝体育活动
你准备参加什么项目呀？
我不感兴趣。
4 一运动就喊累
太累了，歇会儿！
才跳了几个，怎么又累了？

动起来，生命更精彩

1 让兴趣成为动力

先尝试找到自己喜欢的运动，然后慢慢提高这项运动技能，在运动中感受自信和快乐。

雅雅进步真神速，都超过我这个“小小名师”了。
没想到篮球这么有意思，我要做个神投手！

马上 7 点半，该下楼活动了！
锻炼时间到！活力即将大爆发喽！

2 固定锻炼时间

固定锻炼时间，如每周一、周三、周五跳绳半小时，或周末做一些户外运动，养成锻炼身体的习惯。

3 找个运动“搭子”

拉上好朋友一起运动，比如每天放学后一起打半小时羽毛球，互相监督。

今天就到这儿啦，明天继续嗨起来！
没问题。恭候大驾！

健康娱乐，沉迷电子产品害处多

你说你，干什么去了？啊？
以后可别沉迷游戏了，不然就会被电子产品“绑架”。

一个周末的晚上，一向乖巧的依依惹得妈妈大发雷霆。

原来，昨天上午依依向爸爸借平板电脑查资料。谁知，她查完资料后在平板电脑上翻看，无意间点开一个小游戏，结果一发不可收拾。接下来的时间，依依的眼睛几乎一刻也不离开屏幕，趴在床上玩儿，上厕所玩儿，还不时傻笑着，连午饭、晚饭都没有心思好好吃。

之后，依依看起了短视频，连作业都忘了做。爸爸妈妈还以为她在认真学习呢。

直到妈妈检查作业时，才发现她的作业只做了一点点，一问才知道真相，妈妈气得不得了。爸爸语重心长地说：“依依，你可以玩游戏，但不能玩这么长时间，凡事都得有个度，你说是不是？”

依依低着头，好像明白了什么。

沉迷电子产品，影响生活和学习

如果让电子产品占据我们太多时间，我们的视力会下降，身体也会因为长时间坐着不动而变成“小土豆”，成绩也会像坐滑梯一样下降。所以，在享受电子产品带来的便利和乐趣时，我们还要找到平衡点，该休息时休息，该学习时学习。

痴迷电子产品不但会偷走我们宝贵的时间，还会让我们的健康悄悄溜走。

有趣又健康的娱乐方式多的是，不只有电子产品，让我们试试其他的消遣吧！

沉迷电子产品会影响正常生活

1 偷偷玩儿
biu~biu~
2 长时间玩儿
再玩儿一会儿。
3 时刻惦记
4 完全沉浸其中
依依，吃饭啦。

防止电子产品成瘾的小技巧

1 控制时间

打开电子产品前，使用闹钟的提醒功能，定好时间，闹钟一响就立即关掉电子设备。也可以请爸爸妈妈监督。

记住，只能看半小时哦，一分钟都不能多。
闹钟响了，就得把手机还给我，清楚了吗？
没问题。

爸爸，一起去羽毛球场“释放能量”吧！
好啊，马上出发，冲呀！

2 寻找替代活动

培养自己的兴趣爱好或参加一些有益的活动，如听歌、打球、阅读等，当自己想玩儿电子产品时，就去做这些事。

3 离电子设备远一点儿

请爸爸妈妈把电子设备如平板、手机放在我们看不到或够不着的地方，眼不见心不想。

妈妈，您还是把它锁进柜子吧，快要期末了，我要开启复习之旅。
好，你今天真自觉。

第2章 学习篇
自律使成绩步步高升

专心听讲，学习更高效

这首古诗表达了诗人什么样的思想感情呀？
三(1)班
哈哈!!
消灭妖魔！拯救全世界！

鹏鹏今天在课堂上闹了个大笑话。

语文课上，老师正耐心地讲解着一首古诗。刚开始时，鹏鹏认真听讲，可没过一会儿，他便玩儿起了文具，将笔放在手上转个不停。接着，鹏鹏又想起了昨天看的超级英雄漫画书，满脑子天马行空。

老师察觉到了鹏鹏的异常，于是问他：“这首古诗表达了诗人什么样的思想感情呀？”鹏鹏依旧沉浸在自己的幻想中，邻桌赶紧用胳膊肘碰了碰他，说：“老师叫你回答问题呢！”鹏鹏这才如梦初醒，慌慌张张地说：“消灭妖魔！拯救全世界！”

教室里顿时爆发出一阵笑声，鹏鹏的脸一下子比红领巾还红，他恨不得变成透明人。

专心听讲，学习轻松又高效

若上课时不专心听讲，会错过老师讲解的知识点，课后复习起来也会比较困难，考试时自然只能对着题目干瞪眼了。而专心听讲可以迅速掌握知识点，课后复习也比较容易，会让学习变得轻松又高效，作业、考试自然不成问题！

专心听讲，才能提高学习效率。三心二意可不行！

上课时，注意力集中，才不会错过老师讲的知识点！

上课分心的小动作

1 眼神游离
飞呀——飞呀——
2 做小动作
哐当——哐当——
3 发呆走神
能力越大，责任越重！
4 交头接耳
我跟你说……

把心留在课堂上的小妙招

1 自我提示

准备一些小卡片提醒自己，写上“不要走神”“专心听讲”等句子，放在容易看到的地方。

把耳朵竖起来，不分神，认真听讲！

黑板
太有意境了！令人神往啊！

2 培养兴趣

努力挖掘各门学科的有趣之处，比如语文的优美文辞、数学的巧妙解题思路、科学课中的神奇实验。对学科感兴趣了，就容易专注了。

3 注意休息

每天睡足觉，让身体和大脑都得到充分的休息，这样上课时就会精神饱满，不容易走神。

睡饱了就像充满了电，能量十足，干什么都带劲！

作业拖拉，身心疲惫效率低

你要是专心一点儿，早就写完了。
好好学习
我又不是写不完。

峰峰是个小学生，最大的问题就是写作业拖拖拉拉。妈妈对此深恶痛绝，决心治治他这个臭毛病，没想到把自己气得七窍生烟。

每天峰峰一回到家，妈妈就督促他写作业。一开始还好，可没一会儿，峰峰就故态复发了。只见他一会儿要喝饮料，一会儿要吃水果，一会儿去上厕所……这些妈妈都忍了，还把吃的喝的送到他面前。没想到他却慢悠悠地吃着、喝着，甚至还趁妈妈不注意的时候玩会儿玩具、逗逗小狗。就这样，一篇抄写生字的作业，原本半小时就能完成，他愣是从晚上 6 点写到晚上 8 点。

妈妈筋疲力尽，生气地说："做作业这么拖拉，速度比蜗牛还慢，能不能有点儿效率？"

峰峰不服气地说："干吗非要快点儿做完？我又不是写不完。"

拖拉一时爽，时间都跑掉

做作业拖拖拉拉会浪费很多时间，而且，作业拖到很晚才完成会压缩睡眠时间，影响第二天的精神，导致上课容易打瞌睡。告别拖拖拉拉，我们就有充足的时间去做很多有意义的事情，比如培养兴趣爱好、锻炼身体等。

做作业拖拖拉拉实在太浪费时间了。

专心写作业，按时完成，然后就可以做更多其他有意义的事情了。

写作业时的迷惑行为有哪些

① 频繁离开座位

② 摆弄文具

③ 写几个字就发呆

④ 被小动静吸引

高效完成作业有方法

1 营造良好氛围

一心一意做作业，做完再开开心心地玩耍！

选择一个安静、整洁、没有干扰的学习空间写作业，身边不要摆放零食、玩具、电视等。

好好学习
耶！按时完成了，吃块巧克力犒劳一下自己！

2 设定目标，奖励自己

确定一个明确的作业完成目标，如今天要在半小时内完成语文作业。如果完成了，可以给自己一点儿小小的奖励，如吃点儿零食。

3 列清单，查看进度

列一个作业清单，完成一项就打个“√”，这样就能清楚看到作业完成的进度了。

完成啦！下面是数学，一步一步来，稳稳当当！

认真仔细，作业一步到位

板　报
唉，都怪我太马虎了。
你这是错误大聚会呀。

下课了，同学们有的去教室外玩耍，有的开心地聚在一起聊天，兰兰却在座位上奋笔疾书。

邻桌倩倩很好奇，凑过去一看："这不是昨天的作业吗？我记得你早就写完了呀！"

兰兰脸一红，无奈地把作业本翻给倩倩看。只见兰兰的作业错误百出，有些连数字都写错了，甚至还有漏写的。老师很生气，在作业本上打了很多"×"，还写了"重做"两个字。原来，兰兰在做作业时粗心大意，连题目都没细看就动起笔来，字迹也十分潦草，唰唰几下就写完了。

放学后，老师对兰兰说："这么马虎可不好！既没学到知识，又浪费了时间。"兰兰听了，不好意思地低下了头，保证以后一定认真写作业。

作业不认真，分数惨兮兮

如果我们做作业时马马虎虎，不但起不到巩固所学知识的作用，还会浪费很多时间用来返工，更会影响考试成绩。所以，我们平时就应养成认认真真做作业的习惯，不马虎、不应付。

做作业不认真，表面上速度是快了，实际上却要花费更多时间修改作业，得不偿失。

一开始就认真对待，就没有那么多问题了，复习起来也更轻松，考试也不会焦虑。

在学海“瞎扑腾”的行为有哪些

兰兰，你做错啦！
凌乱！
200 个字也差不多了吧？
太难了，不想思考！

1 粗心大意错误多

2 字迹潦草不规范

3 偷工减料图省事

4 不动脑筋，抄袭作业

作业认真有门道

1 多思考、检查

遇到问题时，不要急于求助或放弃，可以先自己动脑筋思考一下。做完作业后，再检查一遍，看看有没有错误、遗漏或书写不规范的地方。

大功告成，现在进入“找碴儿”时间！

认真、认真！做作业是学习大拼图中重要的一块！

2 端正学习态度

提醒自己做作业是为了巩固知识，而不是应付任务。

3 提高专注力

选择一个安静、整洁的环境做作业，并避免零食、玩具等因素的干扰。平时做一些提高专注力的练习，如玩拼图、积木游戏等。

加油，曙光就在眼前！

独立思考，尽量自己解决问题

名人名言
经典语录
算了，这么难，
我还是放弃吧。

下课铃一响，东东就夺门而出奔向操场。他出来时，邻桌楠楠正皱着眉头思考一道数学题。东东想：楠楠也真是的，费那脑筋干什么，明天听老师讲不就好了？

原来，在刚才的数学课上，老师布置了一道有点儿难度的应用题。东东一看，觉得有点儿复杂，想都没想就放弃了。看到邻桌“学霸”楠楠一直看着题目苦思冥想没有结果时，他更加坚定了放弃的决心：“算了，这么难，我还是放弃吧。”

第二天，老师讲解了这道题，东东一点儿也没听懂。可是楠楠不但听得懂，还积极回答问题。

东东很迷惑，这是为什么呢？

遇到问题爱琢磨，知识收获多

遇到问题不爱思考，就无法锻炼自己解决问题的能力，难以独立应付各种挑战。所以，遇到问题养成独立思考的习惯，不仅可以培养我们解决问题的能力，还有利于我们深入掌握知识，激发我们的学习兴趣和学习自主性。

不动脑子，被动接受，一旦把问题换个说法，可能就不会了。

平时一味依赖别人的讲解或参考答案，考试时怎么办呢？不如平时多动脑。

碰到难题的错误做法

1 盲目抄袭
参考答案万岁！
2 不经思考就求助他人
这道题怎么做啊？
3 轻易放弃
没思路，不写了。
4 老套用固定模式
这方法怎么不管用了呢？
试试新学的解题秘籍吧！

如何做个思考“小精灵”

1 遇到问题不着急

遇到问题时，告诉自己不要慌。比如，遇到一道难题，感觉无从下手时先深呼吸，让自己平静下来以后再思考。

莫急，莫急！答案肯定在前方！

原来是这个知识点在跟我玩儿捉迷藏呀。

2 挖掘问题

遇到难题，可对问题进行挖掘，比如这道数学题考查哪些知识点，这道语文题中的修辞手法自己为什么找不出来，是忘记了还是没掌握。

3 尝试不同的方法

一道题，用这种方法做不出来时，不妨换另一种方法试试。比如，遇到复杂的计算题，可以尝试用交换律、分配律、拆分与组合等方法来计算。

换一下位置，小菜一碟！

坚持阅读，丰富知识眼界宽

知识竞赛
知识小达人啊！
哇，好棒啊。

“运动员往手上擦镁粉是为了什么？”主持人问。其他选手还在思考时，只见薇薇“啪”的一下按下抢答器，从容地回答道：“一是增加摩擦力，防止手滑；二是吸收汗水，保持手部干燥。”又答对了！台下爆发出热烈的掌声。

同学们纷纷感叹道：“真没想到平时不怎么起眼的薇薇原来这么厉害！”起初，薇薇报名参加这次知识竞赛时，大家对她没什么期待。谁知她一路过关斩将，对主持人提出的各种问题对答如流，赢得阵阵热烈的掌声，最终获得了第一名。

之后，同学们纷纷询问：“薇薇，你怎么懂那么多啊？”薇薇不好意思地说：“也没什么，只是我喜欢看书，一直坚持阅读而已，那些题目我都在书上看到过。”

大家恍然大悟，随后，班里掀起了一阵阅读热。

热爱读书好处多

不爱阅读，就像井底之蛙，视野狭窄、知识匮乏，难以理解他人的情感和经历。而通过阅读，我们能够跨越时空、连接中外、拓展眼界，不仅可以获得美妙的精神享受，还可以不断扩充知识面，对我们的学习和生活好处多多。

不阅读，就像井底之蛙，看到的天空非常有限！

坚持阅读可以不断吸收新知识，足不出户就能变成知识“巨无霸”！

不爱读书的种种表现

1 一看书就打哈欠

2 阅读时东张西望

3 看了几分钟书就烦躁

4 看书时总走神

把阅读变成像呼吸一样自然

1 从兴趣开始

先选择自己喜欢看的主题的书，如爱看故事书的就先看故事书，爱看科普书的就先看科普书，慢慢沿着自己喜欢的小路走进阅读的大花园。

这本，童话，我的心头宝！
好啊，就买它！

阅读的时间到啦！王子、公主、怪兽们，我来看你们了！

2 做好阅读计划

做个阅读计划，比如每天在睡觉前读半小时书，到了时间就开始阅读，或规定每周要读多少内容，然后一项一项完成。

3 寻找阅读同伴

可以跟爱看书的同学约定一起看书，或者加入读书小组，互相分享读书心得。

阅读小组
这本书超精彩，它讲了一个小姑娘勇敢探险的故事……
是吗？那我也看看……

劳逸结合，作息规律更科学

昕昕一直在学习，
是太累了。
哈哈
哈哈
再睡一会儿……

教室里正在上课，十分安静，突然传来一阵呼噜声，原来是昕昕趴在桌子上睡着了。同桌赶紧用胳膊捅他，他却嘟囔道：“再睡一会儿……”把同学们都逗笑了。还是老师亲自出马叫他，昕昕才突然一个激灵，彻底醒了。

课后，老师找昕昕了解情况。原来，昕昕每天很早就起来背诵课文、公式，连吃早餐的时间都在默记单词。课间休息时，同学们都出去玩儿了，他还坐在座位上埋头做题。

放学回到家做完作业后，他还继续学习到很晚，连周末也不出去玩耍。

就这样，昕昕每天从睁开眼就不怎么休息，一直在学习。刚刚上课时，不知怎么的，往桌上一趴就睡着了。

老师听完，微笑着对他说：“学习努力很好，但也要注意休息，劳逸结合才能更有效率。”

不懂得休息就不会学习

不休息，大脑得不到放松，学习和记忆功能就会减退，注意力也不能集中，导致学习效率低下。给自己一些休息和玩耍时间，让大脑充分充电，学习起来才会“火力全开”，效率也能更高，更能享受到学习的乐趣，精神状态也会越来越好！

长时间学习，大脑也会疲劳。

就像饭好吃也不能一直吃一样。适当地休息和放松，才能更好地消化知识。

这样学习得不偿失

①吃饭时想着学习
a×(b×c)=(a×b)×c
②晚上学习到很晚
③生病时也不放下书本
④课间也学习
下课了，出去玩儿会儿？
不，我看会儿书。

让学习和休息跳支“双人舞”

1 制订合理计划

睡觉时间不能再晚了，不然明天上课没精神。
就是，睡够了才能神清气爽。

制订一个合理的学习计划，给自己留下充足的休息、睡眠时间，如放学后学习 40 分钟，休息 10 分钟，晚上 10 点前必须睡觉。

你看，那白云一团团的，跟漫画上一样。
嗯，就像天空中的棉花糖，真漂亮！

2 课间休息

课间休息时，不妨离开座位跟同学们一起出去走一走，让身体动起来，或者跟同学们聊聊天，让自己放松放松。

3 安排户外活动

风景真美啊！下周我还要来。
好啊，下周那些花都会开，可漂亮了！

放学后，可以在学校或小区的运动场地跟小伙伴们一起运动运动。节假日时，也可以去公园、郊外玩耍，放松一下心情。

第3章 社会交往篇
自律使你处处受欢迎

别人说话，不轻易打断

课间，梦梦正跟同学们分享她刚看完的一本故事书，说到里面一个有趣的故事时，同学们都听得津津有味。没想到，芳芳一来，就把气氛破坏了。

只听芳芳大声说：“我知道，我知道，后来那个人……”同学们顿时对故事失去了兴趣，梦梦只好无奈地停了下来。

接下来是班会。当班长在讲台上认真讲儿童节活动的计划时，芳芳没等班长说完就打断说：“我觉得那样不行，应该这样……”班长在台上十分尴尬，不知道该说什么。

渐渐地，芳芳发现，同学们好像都不爱跟自己说话了，她才意识到自己总打断别人说话是不对的。

认真倾听，别随意开口

随意打断别人说话，就像突然往平静的湖面上扔下一块大石头。打乱原本和谐的交流氛围，是一种缺乏自律的行为，也很不礼貌。我们要学会适当沉默，认真倾听，既能展现自己良好的修养和自制力，也能让谈话、讨论等顺利进行。

别人说话被打断，会感觉自己的话被当成了“空气”，不被尊重。

我们可别这样惹人烦躁、反感，有话也得找恰当的机会说。

令人反感的社交行为有哪些

1 别人讲故事时『剧透』
王子和公主……
我知道结局，他们后来……
2 别人讲规则时喊啰唆
发球时要在发球区内……
我知道，不用讲了，真啰唆！
3 打断别人，说自己的事
王总，你好……
妈妈，我要吃雪糕！
4 急着否定别人
演讲比赛
错啦，应该这样讲……

管住"插话"有办法

1 想象后果

我们去动物园……
太可怕了，我还是等他说完再说吧！

当我们产生打断别人说话的念头时，可以想象别人被打断后生气、不理我们的样子，这样我们就不会打断别人说话了。

憋着，先把话藏在肚子里，稍后再说。

2 用手控制

想打断别人说话时，用手放在自己嘴边，在心里告诉自己："先别说话，等别人说完。"

3 练习倾听

从前，有个猎户……

平时多听听广播或别人讲故事，锻炼自己认真倾听的能力。别人说话时，看着对方的眼睛，可以专注倾听。

乐于分享，让快乐加倍

这些吃的、喝的，都是我的！谁也别想夺走！

晚上，爸爸妈妈正准备睡觉，突然，听到客厅里传来“窸窸窣窣”的声音。“难道有贼？”爸爸妈妈顿时提高警惕，小心地打开房门查看，只见厨房亮着灯，乐乐正在打包各种零食，把他喜欢的吃的、喝的一股脑放进一个大袋子里。

“这么晚了你收拾这些干什么？”妈妈好奇地问。乐乐说：“晚饭时你说舅舅一家明天要来做客，我得把这些藏起来，不让表弟看到。还有我那些玩具、卡片、故事书，通通都不准他碰！”

爸爸妈妈哭笑不得，说：“小孩子要学会分享，这样别人也会愿意和你分享。”

第二天，舅舅一家来了，令乐乐吃惊的是，表弟带了好多零食来，还有他向往好久的玩具。想起自己昨天的表现，乐乐不由得红了脸。

学会分享，收获友谊和快乐

不愿分享，就像把自己关在一个封闭的堡垒里，不仅容易让别人觉得我们是个小气鬼，还会让自己变得越来越自私、孤僻。乐于分享，就仿佛拥有了打开友谊之门的钥匙，又像播下了快乐的种子，会收获友谊和快乐。

只考虑自己，牢牢地守着自己的零食、玩具等，就只能一个人在一边玩儿。

与人分享，看到别人开心的笑容，自己也会觉得特别快乐。

“铁公鸡”行为有哪些

1 拒绝同学借文具

乐乐，借你的橡皮用一下呗！
不，这是我的专属宝贝。

2 有好点子不交流

告诉你们？没门！

3 一个人吃零食不分享

最后一包了，是我的！

4 体育活动时独占道具

乐乐，分我一个羽毛球呗。
不！我先拿到的。

从“小气鬼”到“大方侠”

1 从身边人开始

邻居家奶奶刚刚摘给我的，说很新鲜、很甜，你也尝一尝！
好嘞，哥哥你最可爱了！

从身边最亲近的人开始培养分享的习惯，如可以从分享一块蛋糕、一支铅笔等小事开始。

快来看啊，义卖啦！
爱心义卖献

2 参加一些重在分享的活动

多参加一些诸如分享玩具、图书或信息的活动，培养分享的习惯，如捐赠活动、互换旧书等，从中体会分享的快乐。

乐乐又给图书角添新书啦！
图书角
你们分享的书我也看了！

3 明白分享不等于失去

分享不是舍弃自己已有的东西，而是一种互利行为。分享会让别人开心，也会让自己收获快乐和友谊。

言出必行，做个守信的人

哼，不讲诚信，不理你！
我做错什么了？

一进校园，琳琳看到小菲就热情地跑过去，说：“小菲，周末过得怎么样？放学后我们一起去书店好不好？”谁知小菲把头一撇，理都不理她。

这可让琳琳摸不着头脑了，连看到这一幕的同班同学也是一脸问号。谁都知道，琳琳和小菲是无话不说的好朋友。

原来，上周五，她们约好周六一起去公园看桃花。谁知到了约定时间，小菲怎么也等不到琳琳，于是赶紧给她打电话，谁知电话接通后琳琳却说：“哎呀，我早上睡过头了，打算今天在家写作业，不去公园了。”小菲气得直跺脚，只好一个人看了桃花，心情别提多低落了。

小菲很失望，也很生气，决定不再搭理琳琳，这才有了刚刚那一幕。知道这些后，琳琳终于意识到了守约的重要性。

按约定行事，当“靠谱”少年

不遵守约定，就像在信任的大厦撤掉了基石，不仅会让别人觉得我们“不靠谱”，慢慢远离我们，还会让信任我们的朋友失望。所以，有了约定就要遵守，做个说话算话的人。

总不遵守约定的人，是不是自我约束方面存在不足啊，太“不靠谱”了。

遵守约定，就像给自己的信用账户存“信用金币”，人品会越来越富有。

别让承诺泡泡一戳就破

1 合作时不完成自己的任务
说好的飞机翅膀呢？
我不想做了。
2 随意爽约
图书馆
喂？你到哪儿了？
我不想去了，我今天做“宅女”。
3 答应保守秘密却说出去
我跟你说，她……
4 不遵守与别人的约定
说好先做作业后看电视的……

守约妙招一箩筐

1 认真思考再答应

在约定之前，先想一想自己能不能做到，不要轻易答应。如果自己做不到，就果断拒绝。

琳琳，这周六一起去书店好不好？
不好意思，恐怕不行，我这周六要去姥姥家。

妈妈，明天一早提醒我一下哈。
没问题，保证像闹钟一样精准！
明日待办

2 提醒自己，请人监督

可以用笔记本把约定的事件、时间和地点都写清楚，经常查看，或找小伙伴一起互相提醒，还可以请爸爸妈妈帮忙监督。

3 提前做好准备

提前把需要的东西准备好，如约定一起去打球，就提前准备好运动鞋、运动服装、球、水杯等。

提前把装备准备好，守时小菜一碟！

学会拒绝，避免不必要的烦扰

西西，踢球去！
一起玩儿，别那么高冷嘛！
行吧！

西西是个勤快的乖孩子，可今天还是被妈妈批评了一顿。

原来，今天早饭时，妈妈说：“西西，明天家里要来客人，放学后你就直接回家吧，帮忙收拾收拾。”西西说：“好。”

放学后，西西正往家走，经过足球场时，被同学小夏、小刚叫住了，他们热情地说：“西西，快来一起踢球吧！”西西很纠结，不想去，可是又怕同学说他不合群，最后还是答应了。

结果，家里的爸爸妈妈总不见西西回来，一边收拾，一边担心西西是不是出了什么意外，于是赶紧给他打电话，才知道他正在跟同学一起踢球呢。

一回到家，西西就被妈妈批评了一顿：“别人找你帮忙或者邀请你，但你原本就有事，就拒绝人家嘛，不然容易给自己带来麻烦和烦恼。”

该拒绝就拒绝，不做“老好人”

不懂拒绝，就像一辆没有方向的小车，总按别人的要求走，做自己本不愿做的事，结果打乱了自己的计划，甚至违反了做人的原则。学会拒绝不仅能够更好地专注自我，还可以避免一些不必要的麻烦。

为了让别人高兴而委屈自己，何必呢？

我们不要做逆来顺受的“老好人”。坚守原则，才会赢得尊重。

有求必应“小绵羊”的表现

1 知道不该做却不拒绝
西西，作业借我瞅瞅。
好。
2 明知危险却不拒绝
西西，我们爬上去玩玩儿吧！
3 内心不喜欢也不拒绝
呃，我不喜欢画画……好吧！
4 别人的要求不拒绝
西西，放学后帮我做一下值日吧！
我还有事呢！好……吧。

高情商的拒绝方式

1 语气温和，给出理由

拒绝别人时，语气温和一点儿，解释一下拒绝的原因，让对方理解。如同学邀请我们一起去玩儿，但与我们原先的计划冲突了，可以说“不好意思，我还有别的事”。

西西，这周日我们一起去放风筝吧？
不好意思，我爸爸妈妈说那天要带我去郊游。

2 提出建议或其他方案

如果可能，可以给对方一个合理的建议。如同学请我们帮忙而我们非常忙时，可以说：“我现在很忙，要不你问问别人或等我一会儿？”

西西，帮我一起出黑板报好不好？
黑板
我现在很忙。要不你问问丽丽，或者等我一会儿？

3 坚定态度，勇敢说“不”

拒绝时态度要坚决，语气要坚定。尤其面对一些不合理要求，可以直接说“不，我不能”或“不，我不想”。

我们一起穿过去吧？这样近一点儿。
不行，这样太危险。

第4章 情绪篇

自律让心情快快乐乐

情绪表达，正确抒发内心的感受

哇！第一名！
恭喜你啊！
小睿真牛！

今天，小睿作文比赛得了第一名。尽管内心很激动，但他恨不得找个地缝儿钻进去。

当同学们过来祝贺他，说“小睿，恭喜你啊”时，小睿也想与同学们分享这份喜悦，可一紧张，嗓子就像被卡住了，什么都说不出来。但是什么都不说，又害怕同学们认为自己装神秘。这种矛盾让他感觉很纠结、无助。这时，一不小心，他把邻桌的文具盒碰到了地上，瞬间内心充满了挫败感和自责感。

邻桌同学没有抱怨，捡起文具盒后对小睿说：“放松点儿，这又不是表彰大会，你紧张什么呀？”小睿这才冷静下来，分享了自己喜悦的心情。

不会表达情绪，心里堵得慌

我们是人，不是机器，有各种情绪是很正常的。如果不会正确表达，情绪得不到释放，不仅有害身心健康，还容易在与他人的交往中由于情绪失控而产生误解和冲突。正确表达情绪，有助于减轻心理压力、增强自我认知等，也能让别人更好地理解我们。

有情绪却不会表达，别人还以为你没有想法呢。

就是啊。别老憋着，不然像火山爆发一样突然失控了，伤害的可是自己。

情绪“交通堵塞”的表现

1 压抑情绪
我忍！
2 不能控制情绪
你个笨蛋！
3 装作无所谓
没什么大不了的！
4 不主动表达
他们都不理我！好烦！

情绪表达“小锦囊”

1 认识、接受自己的情绪

经常留意自己的情绪状态，如常常问自己“现在的感受是什么”。如果有负面情绪，不要急于否定或压抑，而是试着接受它。

真是郁闷！一个球都没进。
就是，我心里也是小火苗噌噌往上冒。

这是“失望”。
这是“绝望”。

2 准确命名情绪

学习一些表达情绪的词，比如“难过”“高兴”“沮丧”“惊喜”“欣慰”等，并学会正确区分相似但不同的情绪，如“失望”和“绝望”等。

3 选择合适的时机和方式

避免在过于激动的情况下表达情绪，用深呼吸等方式让自己平复下来，然后选择合适的时机、地点，用“我感到……因为……”的句式来表达感受和想法，尽量不攻击、指责他人。

冷静，冷静！放学之后一切都好商量！
对不起，我不是故意的！

比赛失利，保持积极的心态

别难过，一次
比赛而已。
不公平！一点
儿都不公平！
妍妍这是
怎么了？

对于妍妍来说，那天原本是开心的一天。然而，知识竞赛成绩一公布，妍妍的情绪就像脱缰的野马，一下子失控了。

几天前，妍妍代表班级参加了学校组织的知识竞赛。她本来感觉自己发挥得还不错，没想到成绩竟然那么差。看到这个结果，妍妍的脸一下子涨得通红，忍不住狠狠捶了一下课桌，然后一边愤怒地跺脚，一边不停地抱怨竞赛题目莫名其妙、自己运气太差。

同学们都上来安慰她，可她却大喊："别管我！"然后跑开了。放学回到家，妍妍把书包往地上一扔，就把自己关在房间里。爸爸妈妈安慰她，她却说："你们根本不懂我的感受！"

连续几天，妍妍都闷闷不乐，上课也心不在焉。老师找她谈话，她也感觉不耐烦。

以一颗平常心看待成败

比赛嘛，自然有输有赢。赢了固然光彩，输了也不可怕。若是比赛失利就发脾气或者一直情绪低落，既会影响心理健康，也会让人觉得我们输不起。与其自己郁闷，不如分析失败的原因，早日走出阴影，提升自己。

比赛失利就闹情绪，太没风度了！

一次失败而已，这只是暂时的，要是心态不积极，那影响可就大了！

情绪不稳定的表现

1 愤怒与抱怨
一点儿都不公平！
2 失落与沮丧
知识竞赛
呜呜呜
3 自我怀疑与否定
我真是太没用了。
4 沉默和逃避
知识竞赛

只要心态好，早晚能成功

1 接受结果，转移注意力

输赢就像天气，有晴就会有雨！

告诉自己，失败是比赛的一部分，每个人都会经历。然后做一些自己喜欢做的事，如运动、画画等，试着暂时忘记比赛的事情。

失败乃成功之母！

2 进行积极的自我对话

用积极的话语鼓励自己，如：“虽然这次没发挥好，但我知道了自己的不足，下次肯定可以做得更好。”“我能行！”

恭喜你！请问可以传授一下成功秘籍吗？
传授秘籍不敢当！咱们可以交流交流！
知识竞赛

3 总结经验，再接再厉

分析为何会失败，是准备不充分还是技巧不够熟练。然后有针对性地提高自己，或者向优胜者请教，学习他们的优点和经验。

发生冲突，要学会保持冷静

你能不能长点儿眼睛?
对不起，我不是故意的。

今天，小宇穿着新鞋，哼着歌来到了学校，谁知刚到教室，好心情就被泼了盆冷水。只见同学涵涵飞奔而来，一不小心踩到了小宇的鞋，洁白的球鞋上顿时留下一块污渍。

涵涵马上道歉：“对不起，我不是故意的。”小宇正在气头上，根本听不进去，说：“一句对不起就完了？这是我新买的球鞋！你能不能长点儿眼睛？”

涵涵一听，觉得自己都道过歉了，小宇还是不依不饶，也生气了，说：“我都道过歉了，你还想怎么样？”小宇顿时火冒三丈，猛地推了涵涵一把，涵涵一下子摔倒在地上。周围的同学们都惊呆了，赶紧扶起了涵涵。

老师听到动静赶了过来，向同学们了解情况后严肃地批评了小宇，小宇这才意识到自己太冲动了，后悔不已。

冲动是魔鬼，冷静是天使

与人相处，发生点儿磕磕碰碰是很正常的。如果一有冲突，就任由情绪像狂风暴雨一样袭来，会伤害同学之间的感情，自己事后也会后悔。试着控制一下情绪，进行平心静气的沟通，才能化解矛盾、平息冲突。

发生冲突时不控制情绪，愤怒的小火苗会把自己和对方都烤焦的。

在冲突中能控制情绪，多有理智、有涵养呀，大家都会喜欢的。

火上浇油的错误行为有哪些

1
说出伤人的话
你是白痴吗！
2
做出过激的行为
气死我了！
3
拒绝沟通
哼！太可恶了！
4
哭闹不止
呜呜呜~

把情绪小怪兽关进笼子

1 深呼吸

对不起，我不是故意的。
莫气莫气！让心情歇会儿！

当感到情绪激动时，闭上眼睛，深深吸气，缓缓吐气，重复几次这样深而慢的呼吸，让心跳平稳下来。

我去喝水。

2 暂时离开

在冲突现场感到情绪难以控制时，不妨找个借口走开，如“我去上厕所”“我要呼吸一下新鲜空气”，远离刺激源。

3 转移注意力

不好意思，是我没注意。
没关系啦。

在脑海里想象一些让自己开心的事情，或者回忆一些美好的画面，转移注意力。

不哭不闹，解决问题最重要

它就是跑
不了……
哭闹可没法让
小火车跑起来！

学校组织手工比赛，小梅兴冲冲地报了名，心想自己一定能脱颖而出。

这天放学后，小梅一如既往地在房间里精心准备着作品。突然，客厅里的妈妈听到了小梅绝望的哭泣声。把妈妈吓了一跳，赶紧过去察看情况。

原来，小梅打算做一个能跑的小火车，好不容易做完了，小火车却怎么也跑不起来，加上想起其他报名的同学信心满满的样子，小梅急得不得了，又哭又跺脚，把精心制作的小火车摔得七零八落。

妈妈一边收拾工具，一边温和地说：“哭闹是没有用的，要想办法解决。”小梅听了，意识到了自己的问题，决定找找原因，改进自己的作品。最终，在妈妈的帮助下，新的小火车很快做好了，而且跑起来了！

哭闹浇不灭问题的火苗

遇到问题就哭闹、发脾气，不仅解决不了问题，情绪还会像狂风一样，扰乱我们的理智。而且，谁会喜欢身边有个随时哭闹的“情绪包”呢？冷静下来，积极寻求解决问题的办法，才是我们最正确的选择。

一点儿不如意就发脾气，跟婴儿一样，太幼稚了！

我们可不能做动不动就哭闹的“巨婴”，那样永远也学不会怎么面对困难。

情绪崩溃的种种表现

1 号啕大哭
呜呜呜~
2 摔打东西
再也不做了。
3 指责谩骂
什么玩意儿，一点儿用都没有！
4 拒绝沟通
我不听！我不听！

稳定情绪有妙招

1 默数数字

1、2、3、4、
5、6……

当遇到问题想发脾气时，可以在心里默数数字：“1、2、3……”分散注意力，直到心情缓和。

这下它要自带导
航，准能投进！

2 积极的自我暗示

告诉自己“哭闹解决不了问题”“我可以的”“我能冷静”，给自己积极的心理暗示。

3 寻求解决的方法

这捣蛋的家伙藏
在哪儿呢？

试着分析问题出在哪里，然后尝试各种方法去解决，也可以寻求其他人的帮助。